试验设计
与
软件应用

郭明　冯彬　管宇　主编

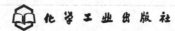

化学工业出版社

·北京·

试验设计是一门以数理统计为基础的应用统计学分支学科，也是自然科学研究方法论领域中重要的分支学科，正确的试验设计方案和对试验数据进行科学合理的统计分析是科学研究工作者必需具备的基本功。《试验设计与软件应用》分十二个章节，包括试验设计基础、方差分析、多元回归与相关分析、方差分析试验设计方法与统计分析、协方差分析、响应面试验设计与分析、混料试验设计与分析、均匀设计、聚类分析、规划、Plackett-Burman 试验设计与分析和 SigmaPlot 实例教程。

《试验设计与软件应用》可作为高等农林院校本科化学、食品、农学、生物专业及相关专业试验设计与统计分析课程的教材，也可供理、工、农、医等高等院校的相关专业作教材或教学参考书。

图书在版编目（CIP）数据

试验设计与软件应用/郭明，冯彬，管宇主编.—北京：
化学工业出版社，2017.7（2023.9重印）
ISBN 978-7-122-29984-0

Ⅰ.①试… Ⅱ.①郭… ②冯… ③管… Ⅲ.①试验
设计 Ⅳ.①O212.6

中国版本图书馆 CIP 数据核字（2017）第 139539 号

责任编辑：李 琰 宋林青　　　　　　　　　　装帧设计：关 飞
责任校对：边 涛

出版发行：化学工业出版社（北京市东城区青年湖南街 13 号　邮政编码 100011）
印　　装：北京天宇星印刷厂
787mm×1092mm　1/16　印张 13½　字数 341 千字　2023 年 9 月北京第 1 版第 2 次印刷

购书咨询：010-64518888（传真：010-64519686）　售后服务：010-64518899
网　　址：http://www.cip.com.cn
凡购买本书，如有缺损质量问题，本社销售中心负责调换。

定　　价：35.00 元　　　　　　　　　　　　　　　　　版权所有　违者必究

《试验设计与软件应用》编写组

主　编　郭　明

　　　　冯　彬

　　　　管　宇

编写人员　（按姓氏笔画排序）

　　　　王冰璇　卢闻君

　　　　李茜芸　姚献军

　　　　郭　明　冯　彬

　　　　管　宇

前 言

　　《试验设计与软件应用》是根据试验设计和统计分析的现状和趋势以及国内高校相关专业人才培养的实际情况进行编写的，在现有试验设计与统计分析教材的基础上，根据多年教学经验在介绍基本方法的基础上，突出试验设计方法和试验数据处理的实际应用，注重 Design-Expert、SPSS 电脑软件在试验设计和统计分析中的应用。

　　本书在试验设计基本理论、基本方法的基础上，突出 Design-Expert、SPSS 电脑软件在试验设计和数据处理中的实际应用，全面介绍了试验设计要解决的实际问题及其解决方法、原理及应用，并利用计算机软件进行实际的试验设计与统计分析。具体包括近年来试验研究中常用的、重要的试验设计和统计分析方法，如响应面试验设计与统计分析、均匀试验设计与统计分析、混料试验设计与统计分析、规划求解的方法等。理论与实践相结合，注重对学生创造性思维的培养和分析能力的提高。编写中以"精、全、新"为指导思想，在科学性、先进性、实用性上下功夫，力求概念准确、深入浅出、突出重点、语言简练，便于教学和阅读。与此同时，本教材着重培养学生的基本软件操作技巧、动手能力和思维能力。

　　本书具有显著的针对性和可操作性。因此，该教材的使用对于农林院校化学、应用化学、食品、农学、生物专业等相关专业教学过程中大学生创新思维的培养和创新能力的提高，具有极其重要的现实意义。《试验设计与软件应用》可作为高等农林院校本科化学、食品、农学、生物专业及相关专业试验设计与统计分析课程的教材，也可供理、工、农、医等高等院校的相关专业作教材或教学参考书。

　　限于作者水平，书中不足之处，敬请斧正。

编者

2017 年 4 月

目 录

第一章　试验设计基础

第一节　试验设计概述

一、试验设计的概念

在生产和科学研究中，经常需要做试验，如何做试验，这里面大有学问，如果试验工作设计得好，试验次数不多，就能达到预期目的；试验工作设计得不好，会事倍功半，甚至劳而无功。设计一个试验要做很多工作，其中有两部分工作是非常重要的，一是试验方案的设计，二是试验结果的数据分析。为了更好地掌握试验设计的原理和方法，先必须了解试验设计的基本概念。所谓试验设计（design of experiments），广义上是指试验研究的课题设计，也是整个试验计划的拟定，设计主要包括课题的名称、试验目的、研究依据、内容及达到的效果、试验方案、试验单位的选取、重复数的确定、试验单位的分组、试验的记录项目和要求、试验结果的分析方法、经济效益或社会效益估计、已具备的条件、需要购置的仪器设备、参加研究人员的分工、试验时间、地点、进度安排和经费预算、成果鉴定、学术论文撰写等内容；而狭义的试验设计是指试验单位（如果品储藏试验种类和品种）的选取、重复数目的确定、试验单位的分组和试验处理的安排。通常讲的试验设计指的是狭义的试验设计。

二、试验设计的意义

试验设计在试验研究中的意义主要体现在以下几方面。

（1）确定试验因素对试验指标影响的大小顺序，找出主要因素。

（2）提高试验研究的效度，明确试验因素之间相互影响的情况。试验的结果反映试验因素与试验指标间真实关系的程度称为试验效度。试验效度可以从以下两方面衡量：一是内在效度，指试验是否真的引起显著性差异，也就是要强调试验的重演性，内在效度高，重演性就好，它可以通过试验设计而得到显著提高；二是外在效度，指试验的结果能推广到什么范围，即强调试验的代表性问题，试验成果推广范围越广，其代表性就越强。所以在研制开发新产品的时候应具有与时俱进的思想，一个好的试验必须同时注意到内在效度和外在效度两个方面。

（3）准确掌握最优方案并能预估或控制一定条件下的试验指标及其波动范围。

（4）正确估计和有效控制、降低试验误差，从而提高试验的精度。

（5）通过对试验结果的分析，可以明确进一步的研究方向。

合理的试验设计能避免系统误差，控制、降低试验误差，提高试验的精确性，保证试验的质量，从而对样本的总体作出可靠、正确的推断。

试验设计的任务是根据研究项目的需要，应用数理统计原理，作出周密安排，力求用较少的人力、物力和时间，最大限度地获得丰富而可靠的资料，通过分析得出正确的结论，明确回答研究项目所提出的问题。如果设计不合理，不仅达不到试验的目的，甚至可能导致整个试验失败。因此，能否合理地进行试验设计，已成为科研工作的关键。

三、试验设计常用术语

(1) 试验指标　试验中具体测定的性状或观测的项目。
(2) 试验因素　影响试验指标的原因。
(3) 因素水平　试验因素所处的某种特定状态或数量等级。
(4) 试验处理　事先设计好的、实施在试验单位上的具体项目。
(5) 重复　在试验中，将一个试验处理实施在两个或两个以上的试验单位上。
(6) 试验单位　在试验中能接受不同试验处理的独立的试验载体。

四、试验设计的程序与试验计划的制定

(一) 试验设计的程序

一般的试验程序可分为初级试验阶段、高级试验阶段和生产性试验阶段。它意味着由浅到深，由试验逐步到推广的几个阶段。

(1) 初级试验阶段　初级试验阶段是对某些品种或处理进行探索性试验，其特点是品种或处理数多，小区参试株数少，重复次数也少。主要有对照试验、比较试验、筛选试验等，其目的是在众多的因素中明确关键因素或优良水平。由于初级试验设计粗放、重复次数少，因此，试验误差较大，精度不高，只是探索其优劣而已。

(2) 高级试验阶段　高级试验阶段是经初级试验后筛选出来的品系或处理继续进行比较精密的一种试验，这一阶段主要是多因子的析因试验和优化试验，以深入分析主要因子的效应、交互作用以及寻找最佳的试验措施。

(3) 生产性试验阶段　生产性试验是从试验到大面积生产的过渡，是高级试验的继续和补充，是扩大试验规模，增加试验代表性的重要途径。通过生产上广泛的小规模试验，多点重复、反复验证，就能更有把握地推广试验结果，直接用于指导生产。

(二) 试验方案的制定与实施

(1) 明确试验目的与任务　在开始试验之前要提出所研究的问题，确定研究的对象和目标。

(2) 确定试验因子与水平　提出问题之后，接着要了解各种因子对试验结果的影响，分析因子的主次轻重，从中挑选出试验的关键因子与水平。

(3) 确定试验的总次数　要确定试验的总次数，先要明确试验中必须包括哪些水平组合，然后考虑试验所处环境因素的影响，再兼顾试验材料、人力、试验时间的长短等诸多因素。

(4) 挑选试验设计　要根据试验目的、试验条件、试验环境等因素来决定采用什么样的试验设计方法进行试验，同时要明确试验按怎样的顺序进行，采用怎样随机化的方法，在进行试验时要严格监控使试验计划的要求得到实现，并准确记录试验结果。

(5) 分析试验结果　在分析试验结果之前，有时需要对试验数据作适当的整理。统计分

析之后，要对分析的结果作出科学而又符合实际的解释，写出试验报告并提出建议。

第二节　试验的基本要求

一、试验目的要明确

明确选题，制定合理的试验方案，一是要抓住当时生产实践和科学试验中急需解决的问题，二是要考虑可能出现的问题。

二、试验条件要有代表性

试验条件应能代表将来准备推广试验结果的地区的自然条件、经济和社会条件。试验条件的代表性包括生物学和环境条件两个方面的代表性。生物学的代表性是指作为主要研究对象，如动物、作物品种、个体要有代表性，并要有足够的数量。例如，进行品种的比较试验时，所选样品的个体必须能够代表该品种，不要选择特殊性的个体，并根据个体均匀程度，在保证试验结果可靠性的前提下，确定适当的试验单位的数量。环境条件的代表性是指代表将来计划推广此项试验结果的地区的自然条件和生产条件，如气候、管理水平及设备等。代表性决定了试验结果的可利用性，如果一个试验没有充分的代表性，再好的试验结果也不能推广和应用，就失去了实用价值。

三、试验数据要有正确性

试验结果的可靠程度主要用准确度和精确度进行描述。准确度是指观察值与真值的接近程度，由于真值是未知数，准确度不容易确定，故常设置对照处理，通过与对照相比来了解结果的相对准确程度。精确度是指试验中同一性状的重复观察值彼此之间接近的程度，即试验误差的大小，它是可以计算的。试验误差越小越精确。在进行试验的过程中，应严格执行各项试验要求，将非试验因素的干扰控制在最低水平，以避免系统误差，降低试验误差，提高试验数据的正确性。

四、试验结果要有重演性

重演性是指在相同条件下再次进行试验，应能够获得与原试验相类似的结果，即试验结果必须经受得起再试验的检验。试验的目的在于能在生产实践中推广试验结果，如果一个在试验中表现好的结果在实际生产中却表现不出来，那么，试验就失去了意义。由于试验中受试验单位之间的差异和复杂环境条件等因素影响，不同地区或不同时间进行的相同试验的结果往往不同；即使在相同条件下的试验，结果也有一定出入。因此，为了保证试验结果的重演性，必须认真选择供试单位，严格把握试验过程中的各个环节，在有条件的情况下，进行多年或多点试验，这样所获得的试验结果才具有较好的重演性。

五、应当选择适当的试验指标，并有相应的数据分析方法

分析试验结果最基本的统计方法是方差分析，因此试验结果数据必须满足方差分析的基本模型要求，如正态、独立、等方差等；若不能满足则需要采取相应的措施，如数据转换等。

第三节　试验设计的基本原则

一、重复原则

所谓重复（replication）就是指一个基本试验重复进行若干次，即对应着某因子的诸水平或者某些因子的诸水平组合重复进行若干次试验。重复是科学调查结论的基本要求，由于使用了重复这一手段，在分析试验结果时，就可以对试验误差做出估计。当因子诸水平或若干因子的诸水平组合的效应之间的差异超过误差时，才能对它们的优劣作出比较和选择。此外，重复能降低试验误差，提高试验的精确度，重复次数越多，估计量的方差越小。但重复次数过多会带来试验时间长、经费支出高等诸多问题。

二、随机化原则

随机化（randomization）是指试验中每一个处理都有同等的机会实施安排在任何一个试验单元上，即试验所使用的仪器、试验材料、试验操作人员以及试验单元等的执行顺序都要随机地确定。

随机化是试验设计所得数据使用统计方法进行分析的基石，一方面随机化保证了试验结果是独立的随机变量，在对效应作检验或估计时，就可以应用数理统计学中独立样本的基本原理；另一方面把试验进行适当的随机化亦有助于"平均值"可能出现的外来因素的效应，有效地避免人为的主观性及外来因素对试验结果的影响，以保证获得处理效应及误差变异的无偏估计。

三、局部控制原则——试验单位条件局部一致性

局部控制（local control）亦称区组化（blocking），是将试验单元按环境控制因子进行区组划分，实行局部控制，使同一区组内的试验单元间环境因子保持一致，以保证同一区组中的局部范围内单元间误差的同质性。

在试验中，当试验环境或试验单位差异较大时，仅根据重复和随机化两个原则进行设计不能将试验环境或试验单位差异所引起的变异从试验误差中分离出来，因而试验误差大，试验的精确性与检验的灵敏度低。局部控制能排除试验材料间额外的、非处理引起的变异，同时可减少试验误差，增加处理效应估计的精度。实行区组化设计，一方面要求同一区组内环境条件一致，即同质性；另一方面不同区组允许有异质的差异。因为单位组之间的差异可在方差分析时从试验误差中分离出来，所以局部控制原则能较好地降低试验误差。

以上所述的重复、随机化、局部控制三个基本原则称为 Fisher 三原则，是试验设计中必须遵循的原则，其最终目的是为了提高试验结果的精确度。只有正确地应用这三个原则，并在试验中贯彻实施，再采用相应的统计分析方法，才能够最大限度地降低并无偏估计试验误差及无偏估计处理的效应，从而对各处理间的比较得出可靠的结论。

第四节　试验数据管理与准备

一、Excel 管理试验数据

试验数据是说明事物本质的根本，因此要经常整理试验所得数据，有时要通过作表、作

图来说明问题。一般对试验数据的统计分析有规范化、标准化的要求，利用统计分析软件时，对数据格式也有要求，要按其要求准备好试验数据，进行统计分析。Excel 是微软公司开发的 Windows 环境下的电子表格系统，它是目前应用最广泛的表格处理软件之一，具有强有力的数据库管理功能、丰富的宏命令和函数、图表功能，直接用统计分析软件输入不是很方便，不如用 Excel 输入，因为 Excel 普及程度高，功能强，常规性的操作容易。

二、SPSS 的数据格式

【例 1-1】 比较施肥方法不同时，水稻平均产量是否一样，试验结果见表 1-1。

表 1-1　水稻 5 种施肥盆栽试验的产量结果

处理(施肥)方法	产量(x_{ij})			
1	24	30	28	26
2	27	24	21	26
3	31	28	25	30
4	32	33	33	28
5	21	22	16	21

表 1-1 已记录在 Excel 上，现简要介绍用 SPSS 给出统计结论的过程。

SPSS 要求数据格式是：处理号　数据（即每一个数据前标出它的处理号）运行 SPSS，见图 1-1。

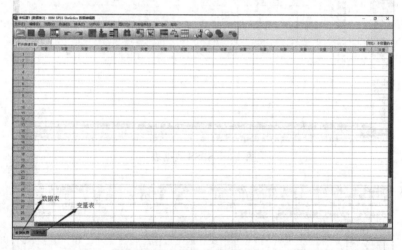

图 1-1　SPSS 数据表

图 1-2 是 SPSS 变量表，用于输入试验数据；单击变量（见图 1-3），用于给变量（或数据列）命名。例如，给第一个变量（或数据列）命名为 c_1 或处理，第二个变量（或数据列）命名为 x 或数据，然后单击变量表。

输入 c_1，x，回到试验数据表（见图 1-4）。

输入试验数据表（见图 1-4），共 20 个（输入完毕后，即可运行分析程序给出结果）；或者利用 Excel 软件输入数据，输入完毕后，只要把他们复制到 SPSS 的 c_1、x 下即可。现利用 Excel 输入以上格式数据（见图 1-5 左端两列）。

将图 1-5 中数据复制到 A、B 两列下，再将 A、B 两列下的数据复制到 SPSS 数据表的 c_1、x 下，并进行统计分析。现简要介绍操作过程，首先运行 SPSS（见图 1-1），数据按要求输入完成后，运行方差分析，SPSS 统计分析结果见图 1-6。

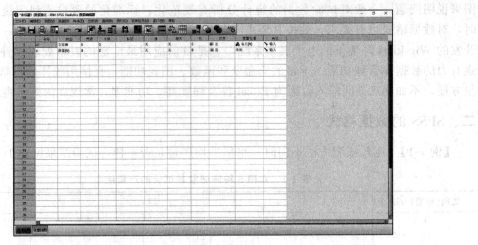

图 1-2　SPSS 变量表

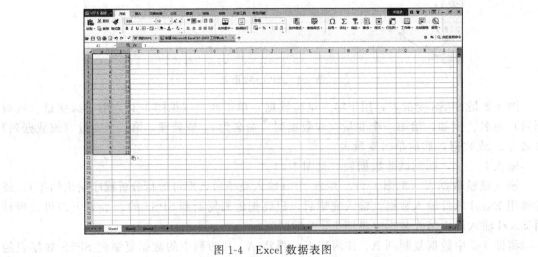

图 1-3　SPSS 数据表

图 1-4　Excel 数据表图

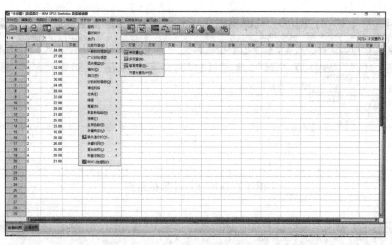

图 1-5 SPSS 数据格式和运行方差分析程序

主体间效应的检验

因变量：x

源	III 型平方和	df	均方	F	Sig.
校正模型	301.200[a]	4	75.300	11.183	0.000
截距	13833.800	1	13833.800	2054.525	0.000
c_1	301.200	4	75.300	11.183	0.000
误差	101.000	15	6.733		
总计	14236.000	20			
校正的总计	402.200	19			

a. $R^2 = 0.749$（调整 $R^2 = 0.682$）。

Duncan[a,b]

c_1	N	子集		
		1	2	3
5	4	20.0000		
2	4		24.5000	
1	4		27.0000	
3	4		28.5000	28.5000
4	4			31.5000
Sig.		1.000	0.055	0.123

图 1-6 SPSS 统计分析结果

由图 1-6 多重比较得出统计结论：肥料 4 与肥料 3 平均产量差异不显著，肥料 4 平均产量显著高于肥料 1、肥料 2、肥料 5 的平均产量，肥料 3、肥料 1、肥料 2 的平均产量差异不显著，而又都显著高于肥料 5 的平均产量。

三、Excel 的数据管理应用

（1）试验数据见图 1-7（a），现要求将后几项数据补充完整，操作过程如下：先在 E3 中输入＝B3＊B3，点击编辑栏前√号确认，…，再在 G3 中输入＝B3＊C3，点击编辑栏前√号确认，见图 1-7（b），完成后见图 1-7（c）。

（2）求逆矩阵 操作方法见图 1-8（a）、图 1-8（b）。

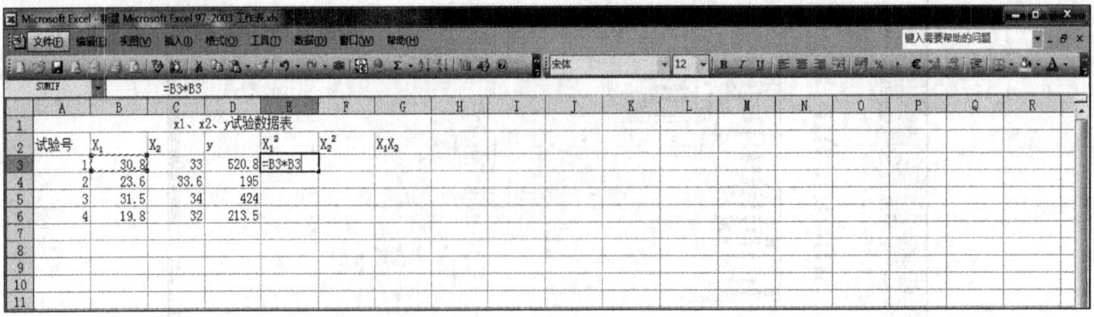

图 1-7 （a） Excel 数据运算

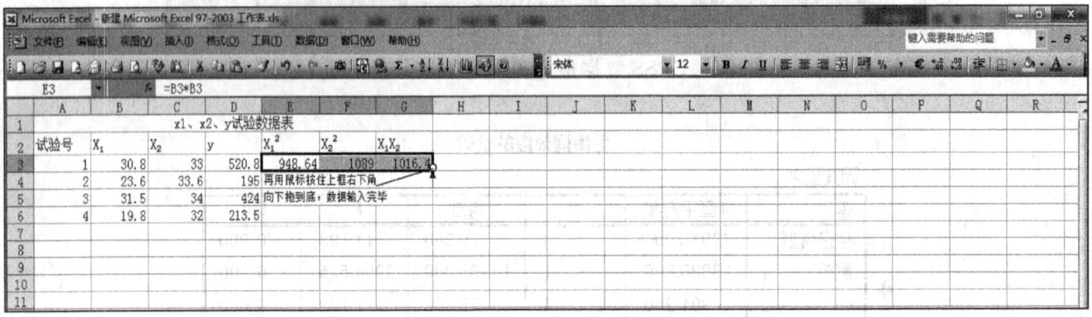

图 1-7 （b） Excel 相对地址使用

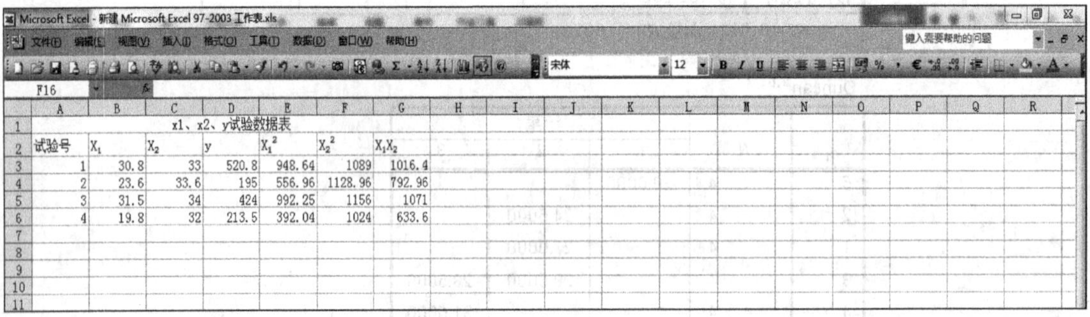

图 1-7 （c） Excel 数据复制

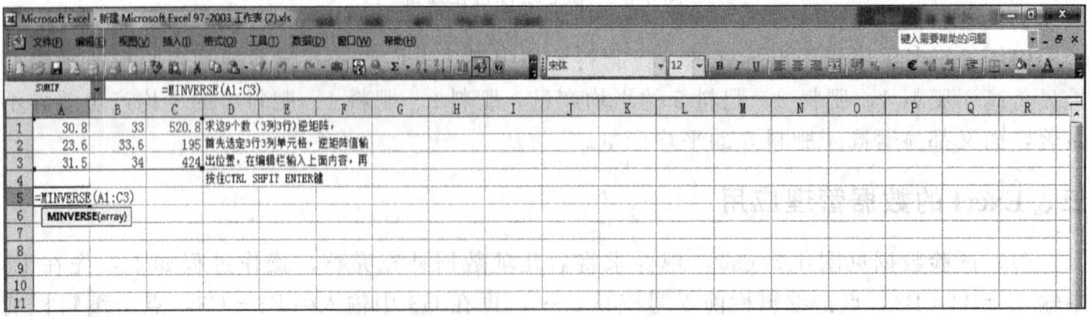

图 1-8 （a） Excel 上的逆矩阵操作

图 1-8（b）　Excel 上的逆矩阵结果

　　利用 Excel 的函数功能、权柄复制功能能够非常方便地管理、准备试验数据及进行试验数据的统计分析工作。

第二章　方差分析

第一节　方差分析的概念与基本原理

一、方差分析的概念

在试验数据的处理过程中，方差分析（analysis of variance，ANOVA），又称变量分析，是一种非常实用、有效的统计检验方法，能用于检验试验过程中有关因素对试验结果影响的显著性。它是一套通过试验设计获取数据并进行分析的统计方法，通过对试验进行精心的"设计"，使得在有限的物质条件下（如时间、金钱、人力等），所得到的试验数据能够在尽可能少的试验中最大限度地包含有用的信息；而方差分析就是相应地从试验数据中提取这种信息的统计分析方法。在科学试验和现代工业质量控制中，这套统计方法得到广泛的应用，并产生了巨大的效果。

作为一种统计假设检验方法，方差分析主要用来判断多个总体平均数是否一致。例如，有1、2、3三个品种小麦在当地种植平均亩产是否一致？如果不一致，哪个品种平均亩产高？又如，三种灌水方法1、2、3，三种施肥方法1、2、3，有11，12，13，…，33共9种不同搭配，哪个搭配平均产量高？总体是研究对象的全体，如1品种亩产的全体是1总体，…，3品种亩产的全体是3总体，它们的平均亩产称为总体平均数，设为μ_1、μ_2、μ_3，总体平均数是常数，但我们不知道它的大小，为了比较它们的大小，就要试验或称为抽样，用样本平均数去估计总体平均数得出结论。一般情况，1，2，…，k个总体，要比较它们的总体平均数μ_1，μ_2，…，μ_k是否一致，就要抽样，得到试验数据，进行分析做出判断，这就是方差分析要解决的基本问题（见图2-1）。

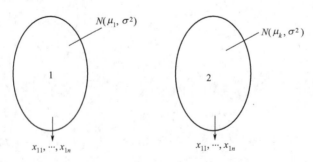

图 2-1　方差分析概念图

二、方差分析的基本原理

通常，一个复杂的事物中往往存在许多因素，它们互相制约又互相依存。例如，某农作物的产量受到选种、施肥、水利等条件的影响；橡胶配方中，不同的促进剂、不同量的氧化锌和不同的硫化时间都会影响橡胶制品的质量。通过反复试验或观测，得到一批数据之后，再基于这批数据来分析哪些因素对该事物有显著影响？有显著影响的因素，何时效果最好？因素间有没有交互作用？方差分析就是提供解决这类问题的一个有效的统计方法。

设有 k 个总体或处理，每个总体抽取 n 个个体，共有 kn 个观测值，试验数据如表2-1所示。

表 2-1 k 个处理试验数据表

处理	观测值			合计 $x_i.$	平均 $\overline{x}_i.$
1	x_{11}	$\cdots$	x_{1n}	$x_1.$	$\overline{x}_1.$
$\vdots$	$\vdots$		$\vdots$	$\vdots$	$\vdots$
k	x_{k1}	$\cdots$	x_{kn}	$x_k.$	$\overline{x}_k.$
合计				$x..$	
平均					$\overline{x}..$

表2-1中，$x_i.=\sum\limits_{j=1}^{n}x_{ij}$ 表示第 i 个处理 n 个观测值的和；$x..=\sum\limits_{i=1}^{k}\sum\limits_{j=1}^{n}x_{ij}$ 表示全部观测值的和；$\overline{x}_i.=\sum\limits_{j=1}^{n}x_{ij}/n$ 表示第 i 个处理的平均数；$\overline{x}..=\sum\limits_{i=1}^{k}\sum\limits_{j=1}^{n}x_{ij}/kn$ 表示全部观测值的平均数。

1. 偏差平方和的剖分

在表 2-1 中，反映全部观测值总异变的总平方和是各观测值 x_{ij} 与总平均数 $\overline{x}..$ 的离均差平方和，用 SS_T 表示，它反映了全部试验值间的总波动情况。

$$SS_T=\sum_{i=1}^{k}\sum_{j=1}^{n}(x_{ij}-\overline{x}..)^2 \tag{2-1}$$

现将式（2-1）进行分解：

$$\sum_{i=1}^{k}\sum_{j=1}^{n}(x_{ij}-\overline{x}..)^2=\sum_{i=1}^{k}\sum_{j=1}^{n}[(\overline{x}_i.-\overline{x}..)+(x_{ij}-\overline{x}_i.)]^2$$

$$=\sum_{i=1}^{k}\sum_{j=1}^{n}[(\overline{x}_i.-\overline{x}..)^2+2(\overline{x}_i.-\overline{x}..)(x_{ij}-\overline{x}_i.)+(x_{ij}-\overline{x}_i.)^2]$$

$$=n\sum_{i=1}^{k}(\overline{x}_i.-\overline{x}..)^2+2\sum_{i=1}^{k}\left[(\overline{x}_i.-\overline{x}..)\sum_{j=1}^{n}(x_{ij}-\overline{x}_i.)\right]+\sum_{i=1}^{k}\sum_{j=1}^{n}(x_{ij}-\overline{x}_i.)^2$$

其中

$$\sum_{i=1}^{k}(x_{ij}-\overline{x}_i.)=0$$

所以

$$\sum_{i=1}^{k}\sum_{j=1}^{n}(x_{ij}-\overline{x}..)^2=n\sum_{i=1}^{k}(\overline{x}_i.-\overline{x}..)^2+\sum_{i=1}^{k}\sum_{j=1}^{n}(x_{ij}-\overline{x}_i.)^2 \tag{2-2}$$

式中，$n\sum\limits_{i=1}^{k}(\overline{x}_i.-\overline{x}..)^2$ 为各处理平均数 $\overline{x}_i.$ 与总平均数 $\overline{x}..$ 的离均差平方和与重复数 n

的乘积,反映了重复 n 次的处理间变异,称为处理间平方和,记为 SS_t,即

$$SS_t = n \sum_{i=1}^{k} (\overline{x}_i. - \overline{x}..)^2$$

式 (2-2) 中,$\sum_{i=1}^{k} \sum_{j=1}^{n} (x_{ij} - \overline{x}_i.)^2$ 为各处理内离均差平方之和,反映了各处理内的变异即误差,称为处理内平方和或误差平方和,记为 SS_e,即

$$SS_e = \sum_{i=1}^{k} \sum_{j=1}^{n} (x_{ij} - \overline{x}_i.)^2$$

于是有

$$SS_T = SS_t + SS_e \qquad (2-3)$$

总离差平方和、处理间离差平方和、处理内离差平方和的简便计算公式如下:

$$SS_T = \sum_{i=1}^{k} \sum_{j=1}^{n} x_{ij}^2 - C, \quad SS_t = \frac{1}{n} \sum_{i=1}^{k} x_i.^2 - C, \quad SS_e = SS_T - SS_t \qquad (2-4)$$

其中,

$$C = \left(\sum_{i=1}^{k} \sum_{j=1}^{n} x_{ij} \right)^2 / kn$$

2. 总自由度的剖分

偏差平方和的大小,与参加求和的数据项有关,为了比较 SS_t 与 SS_e 的大小,应消除求和项数的影响,比较它们的平均值。从数学理论推导可知,SS_t 与 SS_e 的平均值,不是把 SS_t 与 SS_e 分别除以相应的参与求和的项数,而应除以它们的自由度。现在分别讨论一下 SS_T、SS_t 与 SS_e 的自由度 df_T、df_t 和 df_e。

在计算总平方和 SS_T 时,观测值要受 $\sum_{i=1}^{k} \sum_{j=1}^{n} (x_{ij} - \overline{x}..) = 0$ 这一条件的约束,故总自由度等于资料中观测值的总个数减 1,即 $kn - 1$。总自由度记为 df_T,即 $df_T = kn - 1$。

在计算处理间平方和 SS_t 时,各处理均数 $\overline{x}_i.$ 要受 $\sum_{i=1}^{k} (\overline{x}_i. - \overline{x}..) = 0$ 这一条件的约束,故处理间自由度等于处理数减 1,即 $k - 1$。处理间自由度记为 df_t,即 $df_t = k - 1$。

在计算处理内平方和 SS_e 时,要受 k 个条件的约束,即 $\sum_{j=1}^{n} (x_{ij} - \overline{x}_i.) = 0$ ($i = 1, 2, \cdots, k$)。故处理内自由度为资料中观测值的总个数减 k,即 $kn - k$。处理内自由度记为 df_e,即 $df_e = kn - k = k(n-1)$。

显然有

$$df_T = df_t + df_e \qquad (2-5)$$

式 (2-5) 称为自由度公式。

综合以上分析得

$$df_T = kn - 1$$
$$df_t = k - 1$$
$$df_e = df_T - df_t \qquad (2-6)$$

于是可求出 SS_T、SS_t、SS_e 的平均值:

$$MS_T = SS_T / df_T, \quad MS_t = SS_t / df_t, \quad MS_e = SS_e / df_e \qquad (2-7)$$

式中,MS_T、MS_t 和 MS_e 分别为总方差、组间方差和组内方差。

将以上结果汇总列入表 2-2。

表 2-2　方差分析表 ANOVA

变异来源	SS	df	MS	F
处理间	$SS_t = \frac{1}{n}\sum_{i=1}^{k} x_{i.}^2 - C$	$df_t = k-1$	$MS_t = \frac{SS_t}{df_t}$	$F = \frac{MS_t}{MS_e}$
误差	$SS_e = SS_T - SS_t$	$df_e = df_T - df_t$	$MS_e = \frac{SS_e}{df_e}$	
总变异	$SS_T = \sum_{i=1}^{k}\sum_{j=1}^{n}(x_{ij}^2 - C)$	$df_T = kn-1$		

3. 期望均方的计算

方差分析要求各处理观测值总体的方差相等，即 $\sigma_1^2 = \sigma_2^2 = \cdots = \sigma_k^2 = \sigma^2$ 统计学上已经证明 $E(MS_e) = \sigma^2$。

设 $\mu = \sum_{i=1}^{k} \mu_i / k$ ，$\sum(\mu_i - \mu)^2/(k-1) = \sum \alpha_i^2/(k-1)$ 称为效应差，它反映了各处理观测值总体平均数 μ_i 变异程度，记为 σ_α^2。

$$\sigma_\alpha^2 = \frac{\sum \alpha_i^2}{k-1} \tag{2-8}$$

统计学上已经证明，$E(MS_t) = n\sigma_\alpha^2 + \sigma^2$，$E(MS_e) = \sigma^2$。

4. F 检验

组间（也称水平间）方差和组内（也称水平内）方差之比 F 是一个统计量，即：

$$F = \frac{组间均方}{组内均方} = \frac{MS_t}{MS_e} \sim F(df_t = k-1, df_e = nk-k) \tag{2-9}$$

它服从自由度为 (df_t, df_e) 的 F 分布（F distribution），对于给定的显著水平 α，通过查表可得临界值 $F_\alpha(df_t, df_e)$，如果 $Ft > F_\alpha(df_t, df_e)$，则认为此因素对试验结果有显著影响，否则认为此因素对试验结果没有显著影响。

通常，若 $F > F_{0.01}(df_t, df_e)$，就称此因素对试验结果有非常显著的影响，用"**"表示；若 $F_{0.05}(df_t, df_e) < F < F_{0.01}(df_t, df_e)$，则此因素对试验结果有显著的影响，用"*"表示；若 $F < F_{0.05}(df_t, df_e)$，则此因素对试验结果的影响不显著，用"ns"表示或不表示。

三、多重比较

试验结果统计分析常采用方差分析，而方差分析试验是整体性试验，检验结果显著或极显著，否定了无效假设 H_0，只能表明试验的总变异主要来源于处理间的变异或因素水平变化引起的变异，试验中处理平均数间存在显著或极显著差异，但并不意味着每两个处理平均数间的差异都是显著或极显著的，也不能具体说明哪些处理平均数间有显著或极极显著差异，哪些差异不显著。因此，有必要进行两两处理平均数间的比较，以判断两两处理平均数间的差异是否显著。统计上把多个平均数两两间的相互比较称为多重比较（multiple comparison）。

20 世纪 50 年代以来，统计学家提出不同的检验方法来解决多重比较问题，Tukey（1953）和 Duncan（1955）等针对上述的缺陷各自提出了检验的方法，常用的有最小显著差数法（least significant difference，LSD 法）和最小显著极差法（least significant rang，

LSR 法）。

（一）最小显著差数法

最小显著差数法，又称 LSD 法。此方法是多重比较中最基本的方法。它是两个平均数比较在多样本试验中的应用，所以 LSD 法实质上是 t 检验法。在多个平均数比较时，任何两个平均数比较会涉及其他平均数，从而降低了显著水平，容易作出错误的判断。所以在应用 LSD 法进行多重比较时，必须在 F 检验显著的前提下进行，并且每对被比较的两个样本平均数在试验前已经指定，它们是相互独立的。利用此法分析时，各试验处理一般是与指定的对照相比较。

LSD 法的步骤如下所示：

第一步，先计算样本平均数差数标准误 $S_{\overline{x}_1-\overline{x}_2}$。

$$S_{\overline{x}_1-\overline{x}_2}=\sqrt{\frac{2MS_e}{n}} \tag{2-10}$$

式中，MS_e 为 F 检验中的误差均方（方差）；n 为各处理的重复数。

第二步，计算出显著水平为 α 的最小显著差数 LSD_α。在 t 检验中已知

$$t=\frac{\overline{x}_1-\overline{x}_2}{S_{\overline{x}_1-\overline{x}_2}}$$

在误差自由度 df_e 下，查显著水平为 α 时的临界值 $t_{\alpha(df_e)}$，令上式 $t=t_{\alpha(df_e)}$。若 $\overline{x}_1$、$\overline{x}_2$ 有显著差异，那么

$$|\overline{x}_1-\overline{x}_2|>t_{\alpha(df_e)}S_{\overline{x}_1-\overline{x}_2}$$

所以，误差自由度为 df_e，显著水平为 α 时的最小显著差数 LSD 为

$$LSD_\alpha=t_{\alpha(df_e)}S_{\overline{x}_1-\overline{x}_2} \tag{2-11}$$

当显著水平 $\alpha=0.05$ 和 $\alpha=0.01$ 时，由 t 值表中查出 $t_{0.05(df_e)}$ 和 $t_{0.01(df_e)}$，代入下式计算：

$$LSD_{0.05}=t_{0.05(df_e)}S_{\overline{x}_1-\overline{x}_2} \tag{2-12}$$

$$LSD_{0.01}=t_{0.01(df_e)}S_{\overline{x}_1-\overline{x}_2} \tag{2-13}$$

任何两处理平均数的差数大于 $LSD_{0.05}$ 时，表明差异显著；任何两处理平均数的差数大于 $LSD_{0.01}$ 时，表明差异极显著。

第三步，各处理平均数的比较。将各个处理间的差数，分别与 $LSD_{0.05}$、$LSD_{0.01}$ 比较：小于 $LSD_{0.05}$ 差异不显著，不标记符号；介于 $LSD_{0.05}$ 与 $LSD_{0.01}$ 之间差异显著，在差数的右上方标记"*"；大于 $LSD_{0.01}$ 差异极显著，在差数的右上方标记"**"。

LSD 法的应用说明如下所示。

（1）LSD 法实质上就是 t 检验法。它是根据两个样本平均数差数（$k=2$）的抽样分布提出的。但是，由于 LSD 法是利用 F 检验中的误差自由度 df_e 查临界值 t 值，利用误差均方 MS_e 计算均数差数标准误 $S_{\overline{x}_i-\overline{x}_j}$，因而 LSD 法又不同于每次利用两组数据进行多个平均数两两比较的 t 检验法。

（2）LSD 法更适用于各处理组与对照组比较而处理组间不进行比较的分析。对于多个处理平均数所有可能的两两比较，LSD 法的优点在于方法比较简单，克服一般检验法所具有的某些缺点，但是由于没有考虑相互比较的处理平均数依数值大小排列上的秩次，故仍有推断可靠性低、犯 I 型错误概率增大的问题。为克服此弊病，统计学家提出了 LSR 法。

（二）最小显著极差法

LSR 法的特点是把平均数的差数看成是平均数的极差，根据极差范围内所包含的处理数（称为秩次距）k 的不同而采用不同的检验尺度，以克服 LSD 法的不足。在显著水平 α 上依秩次距 k 的不同而采用不同的检验尺度称为最小显著极差 LSR。

LSR 法克服了 LSD 法的不足，但检验的工作量有所增加。常用的 LSR 法有 q 检验法（q-test，SNK 法）和新复极差法（SSR 法，Duncan 法）

1. q 检验法（SNK 法）

q 检验法是 1949 年由 Turkey 提出的，此法以统计量 q 的概率分布为基础，它适用于各组内试验次数相同的情况。在进行多重比较时，将平均数之差与 $q_\alpha(df_e, k)S_x$ 比较，从而作出统计推断。

$$S_x = \sqrt{MS_e / n} \tag{2-14}$$

式中，q 依赖于误差自由度 df_e 及秩次距 k。$q_\alpha(df_e, k)S_x$ 即为 α 水平上的最小显著极差。

$$LSR_\alpha = q_\alpha(df_e, k)S_x \tag{2-15}$$

当显著水平 $\alpha = 0.05$ 和 $\alpha = 0.01$ 时，从 q 值表中根据自由度 df_e 及秩次距 k 查出 $q_{0.05(df_e, k)}$ 和 $q_{0.01(df_e, k)}$，代入式（2-15）求得 LSR

$$LSR_{0.05, k} = q_{0.05}(df_e, k)S_x$$
$$LSR_{0.01, k} = q_{0.01}(df_e, k)S_x \tag{2-16}$$

利用 q 验法进行多重比较时，其步骤如下所示：

（1）列出平均数多重比较表；

（2）由自由度 df_e、秩次距 k 查临界 q 值，计算最小显著极差 $LSR_{0.05, k}$ 和 $LSR_{0.01, k}$；

（3）将平均数多重比较表中的各差数与相应的最小显著极差 $LSR_{0.05, k}$ 和 $LSR_{0.01, k}$ 比较，作出统计推断。

2. 新复极差法（Duncan 法，SSR 法）

新复极差法（new multiple range method），又称为 Duncan 法，由邓肯（Duncan）于 1955 年提出，此法也称 SSR（shor-test significant rang）法或最短显著极差法。在确定各平均数对之间真正的差异时，Duncan 多范围检验较好。

新复极差法与 q 检验法的检验步骤相同，唯一不同的是计算最小极差时需查 SSR 表。最小显著极差计算公式为

$$LSR_{\alpha, k} = SSR_\alpha(df_e, k)S_x \tag{2-17}$$

根据显著水平 α、误差自由度 df_e、秩次距 k，由 SSR 表查得的临界 $SSR_{\alpha(df_e, k)}$。$\alpha = 0.05$ 和 $\alpha = 0.01$ 水平下的最小显著极差为

$$LSR_{0.05, k} = SSR_{0.05(df_e, k)}S_{\bar{x}}$$
$$LSR_{0.01k} = SSR_{0.01(df_e, k)}S_{\bar{x}} \tag{2-18}$$

当各处理重复数不等时，为简便起见，不论 LSD 法还是 LSR 法，可用式（2-19）计算出一个各处理平均的重复数 n_0，以代替计算 $S_{\bar{x}_i. - \bar{x}_j.}$ 或 $S_{\bar{x}}$ 所需的 n。

$$n_0 = \frac{1}{k-1}\left(\sum n_i - \frac{\sum n_i^2}{\sum n_i}\right) \tag{2-19}$$

式中，k 为试验的处理数；n_i（$i = 1, 2, \cdots, k$）为第 i 个处理的重复数。

以上介绍的三种多重比较方法，其检验尺度有如下关系：

$$LSD \leqslant 新复极差法(LSR) \leqslant q \text{ 检验法}$$

当秩次距 $k=2$ 时，取等号，三种方法检验尺度一致；秩次距 $k \geqslant 3$ 时，取小于号。在多重比较中，LSD 法的尺度最小，q 检验法尺度最大，新复极差法尺度居中。用上述排列顺序前面的方法检验显著的差数，用后面的方法检验未必显著；而用后面的方法检验显著地差数，用前面的方法检验必然显著。一般来讲，一个试验资料究竟采用哪一种多重比较方法，主要应根据否定一个正确的 H_0 和接受一个正确的 H_0 的相对重要性来决定。对于试验结论事关重大或有严格要求的，用 q 检验法较为妥当；生物试验中，由于试验误差较大，常采用新复极差法 SSR，即邓肯检验法；F 检验显著后，为了简便，也可采用 LSD 法。

（三）多重比较结果的表示

各平均数经多重比较后，应以简明的形式将结果表示出来。常用的表示方法有以下两种。

1. 三角形法

此法是将全部平均数从大到小自上而下顺次排列，然后算出各个平均数之间的差数，将多重比较结果直接标记在平均数多重比较表上。由于多重比较表中各个平均数差数构成一个三角形阵列，故称为三角形法。此法的优点是简便直观，缺点是占的篇幅较大，特别是当处理平均数较多时，因此，在科技论文中用得较少。

2. 标记字母法

将全部平均数从大到小依次排列，在最大的平均数上标上字母 a，用该平均数减去该数以下各平均数得到极差，凡极差不显著的，都标上字母 a，直到与某个平均数的极差大于或等于 $LSR_{0.05}$ 值，即出现显著差异时则在此平均数上标以字母 b，再以此标有 b 的平均数为标准，与该数上方比它大的各个平均数相比较，凡差异不显著的均加标字母 b，又以标有 b 的最大平均数为标准，与以下各未标记的平均数相比，凡差异不显著的继续标上字母 b，直到某一个与之差异显著的平均数则标以字母 c，……如此重复进行比较，直到最小的一个平均数有了标记字母为止。这样，各平均数间凡有一个相同字母的即为差异不显著，凡为不相同字母即为差异显著。用小写字母表示显著水平 $\alpha = 0.05$，用大写字母表示显著水平 $\alpha = 0.01$。在利用字母标记法表示多重比较结果时，常在三角形法的基础上进行。此法的优点是占篇幅小，在科技文献中常见。

应当注意，无论采用哪种方法表示多重比较结果，都应注明所采用的方法。

第二节　单因素试验资料的方差分析与 SPSS 实现

根据所研究试验因素的多少，方差分析可分为单因素、两因素和多因素试验资料的方差分析。单因素试验资料的方差分析是其中最简单的一种，它是固定其他因素水平不变，而只考虑某一因素水平的变化对试验指标的影响，其方差分析可分为两种情况，一种是水平重复数相等的情况，一种是水平重复数不等的情况。平方和与自由度的剖分为：

$$SS_T = SS_t + SS_e, \quad df_T = df_t + df_e$$

单因素方差分析是建立在下述假设基础上。

（1）在每一水平上试验结果是一个随机变量 x_{ij}（i 为第 i 个水平，j 为第 j 次试验），且服从正态分布。x_{i1}，x_{i2}，$\cdots$，x_{in} 是第 i 个水平的正态总体中抽取的一个简单随机样本，

样本容量为 n。

（2）所有 k 个不同水平对应的 k 个正态总体的方差是相等的，具有方差齐性，$x_{ij} \sim N(\mu_i, \sigma^2)$。

（3）k 个总体是相互独立的，样本与样本之间也是相互独立的。要检验的假设是：H_0：$\mu_A = \mu_2 = \cdots = \mu_k$；$H_A$：不是所有的 μ_i（$i=1, 2, \cdots, k$）都相等。

若拒绝 H_0，则认为至少有两个水平之间的差异是显著的，因素 A 对试验结果有显著影响；反之，若接受 H_0，则认为因素 A 对试验结果无显著影响，试验结果在各水平之间的不同仅仅是由随机因素引起的。

一、各处理重复数相等的方差分析

设单因素试验有 k 个处理，每个处理有 n 次重复，试验数据见表 2-3。

表 2-3　单因素试验处理内重复数相等资料数据

处理	观测值			合计 $x_i.$	平均 $\overline{x}_i.$
1	x_{11}	$\cdots$	x_{1n}	$x_1.$	$\overline{x}_1.$
$\vdots$	$\vdots$	$\vdots$	$\vdots$	$\vdots$	$\vdots$
k	x_{k1}	$\cdots$	x_{kn}	$x_k.$	$\overline{x}_k.$
合计				$x..$	

将表2-3的试验数据进行处理，结果见表2-4。

表 2-4　方差分析表 ANOVA

变异来源	SS	df	MS	F
处理间	$SS_t = \dfrac{1}{n}\sum\limits_{i=1}^{k} x_i^2. - C$	$df_t = k-1$	$MS_t = \dfrac{SS_t}{df_t}$	$F = \dfrac{MS_t}{MS_e}$
误差	$SS_e = SS_T - SS_t$	$df_e = df_T - df_t$	$MS_e = \dfrac{SS_e}{df_e}$	
总变异	$SS_T = \sum\limits_{i=1}^{k}\sum\limits_{j=1}^{n} (x_{ij}^2 - C)$	$df_T = nk-1$		

【例 2-1】　如表 2-5，给出 4 种新型药物对白鼠胰岛素分泌水平影响的测量结果，数据为白鼠的胰岛质量。试用单因素方差分析检验 4 种药物对胰岛素水平的影响是否相同，具体试验数据见表 2-5。

表 2-5　4 种新型药物对白鼠胰岛素分泌水平影响的测量结果

药物组	胰岛质量/g					合计	平均
1	88.4	90.2	73.2	87.7	85.6	425.1	85.02
2	84.4	116	84	68	88.5	440.9	88.18
3	65.6	79.4	65.6	70.2	82	362.8	72.56
4	89.8	93.8	88.4	110.2	95.6	477.8	95.56
合计			1706.6				

经运算得方差分析表见表 2-6，多重比较表法（Duncan 法）见表 2-7。

表 2-6　方差分析表

变异来源	SS	df	MS	F
处理间	1379.72	3	459.90	3.79①
误差	1938.76	16	121.17	
总变异	3318.48	19		

① 表示处理的不同，平均数显著的不都相同。

表 2-7　多重比较表法（Duncan 法）

处理	平均数	$\bar{x}_i.-72.56$	$\bar{x}_i.-85.02$	$\bar{x}_i.-88.18$	0.05	0.01
4	95.56	23	10.54	7.38	a	A
2	88.18	15.62	3.16		a	A
1	85.02	12.46			ab	A
3	72.56				b	A

表 2-6 中 $MS_e=121.17$，故标准误 $S_{\bar{x}}=\sqrt{MS_e/n}=\sqrt{121.17/3}=40.39$，多重比较结果（Duncan 法）见表 2-7。

使用 SPSS 对例 2-1 进行方差分析。

首先运行 SPSS，SPSS 的数据格式、操作方法和统计结果见图 2-2（a）～图 2-2（e）

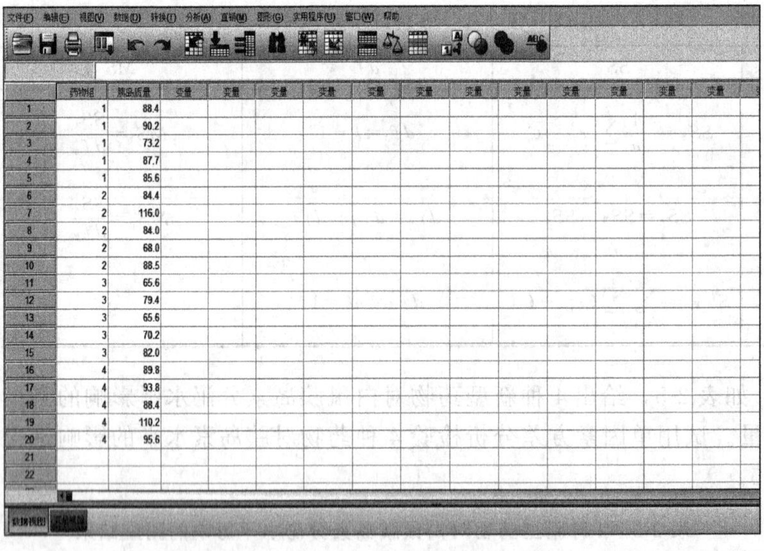

图 2-2（a）　SPSS 数据格式

图 2-2（e）运算结果的方差分析表中，CL 项的 Sig. 为显著性，Sig. ＝0.031，即 $p=$ 0.031（$F=3.795$ 的右侧概率 $p=0.031$，说明 F 出了 0.05 的界），统计分析结论是这 5 个总体平均数显著不都相等（一般 $p\leqslant0.05$ 统计分析结论是总体平均数显著不都相等，$p\leqslant0.01$ 统计分析结论是总体平均数极显著不都相等，否则统计分析结论是总体平均数差异不显著）。

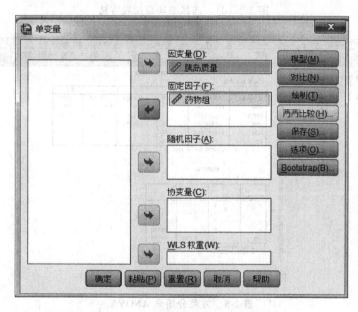

图 2-2（b） 运行方差分析

图 2-2（c） 选择处理号和试验数据

图 2-2（e）多重比较表中，是用集合方式说明平均数的异同，凡在同一集合内的平均数差异不显著，不在同一集合内的平均数差异显著，图 2-2（e）的多重比较表有 1、2 个集合，药物组 4 与药物组 2、1 平均数差异不显著，药物组 4、2 与药物组 3 平均数差异显著；药物组 1 与药物组 3 平均数差异不显著。

二、各处理重复数不等的方差分析

设处理数为 k，各处理重复数为 n_1，n_2，$\cdots$，n_k，试验观测值总数为 $N=\sum n_i$，则方差分析表 ANOVA 见表 2-8。

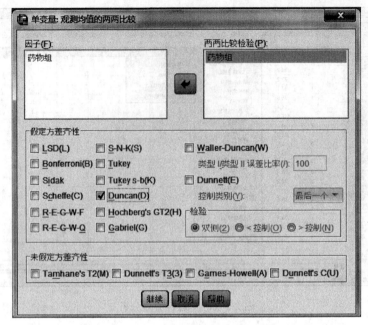

图 2-2（d） 选择平均数比较方法

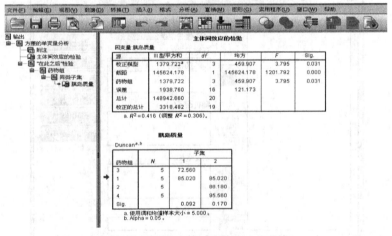

图 2-2（e） Output 窗口的方差分析结果

表 2-8　方差分析表 ANOVA

变异来源	SS	df	MS	F
处理间	$SS_t = \dfrac{1}{n}\sum\limits_{i=1}^{k} x_{i\cdot}^2 - C$	$df_t = k-1$	$MS_t = \dfrac{SS_t}{df_t}$	$F = \dfrac{MS_t}{MS_e}$
误差	$SS_e = SS_T - SS_t$	$df_e = df_T - df_t$	$MS_e = \dfrac{SS_e}{df_e}$	
总变异	$SS_T = \sum\limits_{i=1}^{k}\sum\limits_{j=1}^{n}(x_{ij}^2 - C)$	$df_T = nk-1$		

注：$C = x_{\cdot\cdot}^2 / N$。

平均重复次数 n_0

$$n_0 = \frac{1}{k-1}\left[\sum n_i - \frac{\sum n_i^2}{\sum n_i}\right]$$

标准误 $S_{\bar{x}}$

$$S_{\bar{x}} = \sqrt{MS_e/n_0}$$

第三节　两因素试验资料的方差分析与 SPSS 实现

两因素试验资料的方差分析是讨论两个因素对试验结果影响的显著性。两因素试验按水平组合的方式不同，分为交叉分组和系统分组两类，因而对试验资料的方差分析方法也分为交叉分组方差分析和系统分组方差分析（第四节介绍）两种。

对于两因素的方差分析，基本思想和方法与单因素的方差分析相似，前提条件仍然要满足数据独立、正态分布和方差齐性。所不同的是，两因素方差分析中，有时会出现交互作用，即两个因素的不同水平交叉搭配对试验指标产生影响。

交叉分组资料的方差分析

某项试验要同时考察因素 A 和因素 B 对试验结果的影响，因素 A 取 A_1，A_2，$\cdots$，A_a 共 a 个水平，因素 B 取 B_1，B_2，$\cdots$，B_b 共 b 个水平。两者交叉搭配形成 $n = a \times b$ 次试验，这种试验分为每个处理进行一次试验和每个处理进行多次试验两种类型。

（一）两因素单独观测值试验资料的方差分析

对于 A、B 两个试验因素的全部 ab 个水平组合，每个水平组合只有一个观测值，全试验共有 ab 个观测值，其试验数据见表 2-9。

表 2-9　两因素单独观测试验数据

处理	观测值			合计 $x_i.$	平均 $\bar{x}_i.$
	1	$\cdots$	b		
1	x_{11}	$\cdots$	x_{1b}	$x_1.$	$\bar{x}_1.$
$\vdots$	$\vdots$	$\cdots$	$\vdots$	$\vdots$	$\vdots$
a	x_{a1}	$\cdots$	x_{ab}	$x_a.$	$\bar{x}_a.$
合计 $x._j$	$x._1$	$\cdots$	$x._b$	$x..$	
平均 $\bar{x}._j$	$\bar{x}._1$	$\cdots$	$\bar{x}._b$		$\bar{x}..$

表中

$$x_i. = \sum_{j=1}^{b} x_{ij}(i=1,2,\cdots,a)，\bar{x}_i. = \frac{1}{b}x_i.$$

$$x._j = \sum_{i=1}^{a} x_{ij}(j=1,2,\cdots,b)，\bar{x}._j = \frac{1}{a}x._j$$

$$x.. = \sum_{i=1}^{a} \sum_{j=1}^{b} x_{ij}$$

$$\overline{x}.. = \frac{1}{ab}x.. = \frac{1}{n}x..$$

要求分别检验 A、B 两因素对试验结果有无显著影响。

两因素交叉分组资料方差分析的步骤如下所示。

(1) 偏差平方和的分解

为了构造检验用的统计量，仿照单因素方差分析方法，先对偏差平方和进行分解。

$$SS_T = \sum_{i=1}^{a} \sum_{j=1}^{b} (x_{ij} - \overline{x}..)^2 = \sum_{i=1}^{a} \sum_{j=1}^{b} [(x_{ij} - \overline{x}_i. - \overline{x}._j + \overline{x}..) + (\overline{x}_i. - \overline{x}..) + (\overline{x}._j - \overline{x}..)]^2$$

$$= \sum_{i=1}^{a} \sum_{j=1}^{b} (x_{ij} - \overline{x}_i. - \overline{x}._j + \overline{x}..)^2 + \sum_{i=1}^{a} \sum_{j=1}^{b} (\overline{x}_i. - \overline{x}..)^2 + \sum_{i=1}^{a} \sum_{j=1}^{b} (\overline{x}._j - \overline{x}..)^2$$

$$+ 2 \sum_{i=1}^{a} \sum_{j=1}^{b} (x_{ij} - \overline{x}_i. - \overline{x}._j + \overline{x}..)(\overline{x}_i. - \overline{x}..) + 2 \sum_{i=1}^{a} \sum_{j=1}^{b} (x_{ij} - \overline{x}_i. - \overline{x}._j + \overline{x}..)$$

$$(\overline{x}._j - \overline{x}..) + 2 \sum_{i=1}^{a} \sum_{j=1}^{b} (\overline{x}_i. - \overline{x}..)(\overline{x}._j - \overline{x}..)$$

不难证明后三项交叉积和为0。所以有

$$SS_T = \sum_{i=1}^{a} \sum_{j=1}^{b} (\overline{x}_i. - \overline{x}..)^2 + \sum_{i=1}^{a} b \sum_{j=1}^{b} (\overline{x}._j - \overline{x}..)^2 + \sum_{i=1}^{a} \sum_{j=1}^{b} (x_{ij} - \overline{x}_i. - \overline{x}._j + \overline{x}..)^2$$

$$= b \sum_{i=1}^{a} (\overline{x}_i. - \overline{x}..)^2 + a \sum (\overline{x}._j - \overline{x}..)^2 + \sum_{i=1}^{a} \sum_{j=1}^{b} (x_{ij} - \overline{x}_i. - \overline{x}._j + \overline{x}..)^2 \qquad (2\text{-}20)$$

令

$$SS_A = b \sum_{i=1}^{a} (\overline{x}_i. - \overline{x}..)^2 \qquad (2\text{-}21)$$

SS_A 为因素 A 各水平间，即各行间的偏差平方和，反映了因素 A 对试验结果的影响。

令

$$SS_B = a \sum_{i=1}^{b} (\overline{x}_i. - \overline{x}..)^2 \qquad (2\text{-}22)$$

SS_B 为因素 B 各水平间，即各列间的偏差平方和，反映了因素 B 对试验指标的影响。

令

$$SS_e = \sum_{i=1}^{a} \sum_{j=1}^{b} (x_{ij} - \overline{x}_i. - \overline{x}._j + \overline{x}..)^2 \qquad (2\text{-}23)$$

SS_e 为误差偏方和，即组内偏差平方和，反映了试验误差的影响大小。

于是式（2-20）可记为

$$SS_T = SS_A + SS_B + SS_e \qquad (2\text{-}24)$$

(2) 偏差平方和的简化计算

$$SS_T = \sum_{i=1}^{a} \sum_{j=1}^{b} (x_{ij} - \overline{x}..)^2 = \sum_{i=1}^{a} \sum_{j=1}^{b} (x_{ij}^2 - 2x_{ij}\overline{x}.. + \overline{x}..^2) = \sum_{i=1}^{a} \sum_{j=1}^{b} x_{ij}^2 - 2 \left(\sum_{i=1}^{a} \sum_{j=1}^{b} x_{ij} \right) \overline{x}..$$

$$+ ab\overline{x}^2 = \sum_{i=1}^{a} \sum_{j=1}^{b} x_{ij}^2 - 2n\overline{x}..^2 + n\overline{x}..^2 = \sum_{i=1}^{a} \sum_{j=1}^{b} x_{ij}^2 - \frac{1}{n}x.. = Q_T - C \qquad (2\text{-}25)$$

$$SS_A = b \sum_{i=1}^{a} (\overline{x}_i. - \overline{x}..)^2 = b \sum_{i=1}^{a} (\overline{x}_i.^2 - 2\overline{x}_i. \cdot \overline{x}.. + \overline{x}..^2)$$

$$= b \sum_{i=1}^{a} \overline{x}_i.^2 - 2b\overline{x}.. \sum_{i=1}^{a} \overline{x}_i. + ab\overline{x}..^2 = \frac{1}{b} \sum_{i=1}^{a} x_i.^2 - \frac{1}{n} x..^2 = Q_A - C \tag{2-26}$$

$$SS_B = a \sum_{j=1}^{b} (\overline{x}._j - \overline{x}..)^2 = a \sum_{j=1}^{b} (\overline{x}._j^2 - 2\overline{x}._j \overline{x}.. + \overline{x}..^2)$$

$$= a \sum_{j=1}^{b} \overline{x}._j^2 - 2a\overline{x}.. \sum_{j=1}^{b} \overline{x}._j + ab\overline{x}..^2 = \frac{1}{a} \sum_{j=1}^{b} x._j^2 - \frac{1}{n} x..^2 = Q_B - C \tag{2-27}$$

$$SS_e = SS_T - SS_A - SS_B = Q_T - Q_A - Q_B + C \tag{2-28}$$

（3）计算自由度和方差

SS_T 的自由度：

$$df_T = ab - 1 = n - 1$$

SS_A 的自由度：

$$df_A = a - 1 \tag{2-29}$$

SS_B 的自由度：

$$df_B = b - 1$$

SS_e 的自由度：

$$df_e = df_T - df_A - df_B = (a-1)(b-1)$$

将各偏差平方和除以相应的自由度，可求得各行间、各列间和误差的方差。

行间方差：

$$MS_A = \frac{SS_A}{df_A} = \frac{SS_A}{a-1}$$

列间方差：

$$MS_B = \frac{SS_B}{df_B} = \frac{SS_B}{b-1} \tag{2-30}$$

误差方差：

$$MS_e = \frac{SS_e}{df_e} = \frac{SS_e}{(a-1)(b-1)}$$

（4）显著性检验　数学上可以证明：若假设 H_{01} 为真时，则统计量

$$F_A = \frac{MS_A}{MS_e} = \frac{\dfrac{SS_A}{(a-1)}}{\dfrac{SS_e}{(a-1)(b-1)}} \tag{2-31}$$

服从自由度为 $[a-1, (a-1)(b-1)]$ 的 F 分布；假设 H_{02} 为真时，则统计量

$$F_B = \frac{MS_B}{MS_e} = \frac{\dfrac{SS_B}{(b-1)}}{\dfrac{SS_e}{(a-1)(b-1)}} \tag{2-32}$$

服从自由度为 $[b-1, (a-1)(b-1)]$ 的 F 分布。因此，利用 F_A 和 F_B，就可以分别对因素 A 和 B 作用的显著性进行检验。

（5）列出方差分析表

根据上述计算和检验结果，列出方差分析表 ANOVA，见表 2-10。

表 2-10 方差分析表 ANOVA

变异来源	SS	df	MS	F
A 组间	$SS_A = \dfrac{1}{b}\sum\limits_{i=1}^{a}x_{i\cdot}^2 - C$	$df_A = a-1$	$MS_A = \dfrac{SS_A}{df_A}$	$F_A = \dfrac{MS_A}{MS_e}$
B 组间	$SS_B = \dfrac{1}{a}\sum\limits_{j=1}^{b}x_{\cdot j}^2 - C$	$df_B = b-1$	$MS_B = \dfrac{SS_B}{df_B}$	$F_B = \dfrac{MS_B}{MS_e}$
误差	$SS_e = SS_T - SS_A - SS_B$	$df_e = df_T - df_A - df_B$	$MS_e = \dfrac{SS_e}{df_e}$	
总变异	$SS_T = \sum\limits_{i=1}^{a}\sum\limits_{j=1}^{b}x_{ij}^2 - C$	$df_T = ab-1$		

A 因素的标准误 $S_{\bar{x}_{i\cdot}} = \sqrt{MS_e/b}$，$B$ 因素的标准误 $S_{\bar{x}_{\cdot j}} = \sqrt{MS_e/a}$。

【例 2-2】 酿造厂有三名化验员，负责发酵粉颗粒检验。每天从发酵粉中抽样一次进行检验，连续 10 天的检验结果见表 2-11。试检验三名化验员的化验技术有无显著差异（假设颗粒百分率服从正态分布，方差齐性），以及每天的发酵粉粒质量有无显著差异。

表 2-11 试验数据及计算表

试验员	日期										$x_{i\cdot}$
	B_1	B_2	B_3	B_4	B_5	B_6	B_7	B_8	B_9	B_{10}	
A_1	10.1	4.7	3.1	3.0	7.8	8.2	7.8	6.0	4.9	3.4	59.0
A_2	10.0	4.9	3.1	3.2	7.7	8.2	7.7	6.2	5.1	3.4	59.6
A_3	10.2	4.8	3.0	3.1	7.9	8.4	7.9	6.1	5.0	3.3	59.6
$x_{\cdot j}$	30.3	14.4	9.2	3.3	23.4	24.8	23.4	18.3	15.0	10.1	=1782

（1）建立统计假设。H_{01}：因素 A（化验员）对试验结果无显著影响；H_{02}：因素 B（日期）对试验结果无显著影响。

（2）计算各偏差平方和。由表中数据可求得

$$C = \frac{x_{\cdot\cdot}^2}{n} = \frac{178.2}{3 \times 10} = 1058.508$$

$$Q_T = \sum_{i=1}^{3}\sum_{j=1}^{10}x_{ij}^2 = 10.1^2 + 4.7^2 + \cdots + 3.3^2 = 1223.04$$

$$SS_T = Q_T - C = 1223.04 - 1058.508 = 164.532$$

$$Q_A = \frac{1}{10}\sum_{i=1}^{3}x_{i\cdot}^2 = \frac{1}{10}(59.0^2 + 59.6^2 + 59.6^2) = 1058.532$$

$$SS_A = Q_A - C = 1058.532 - 1058.508 = 0.024$$

$$Q_B = \frac{1}{3}\sum_{j=1}^{10}x_{\cdot j}^2 = \frac{1}{3}(30.3^2 + 14.4^2 + \cdots 10.1^2) = 1222.88$$

$$SS_B = Q_B - C = 1222.88 - 1058.508 = 164.372$$

$$SS_e = SS_T - SS_A - SS_B = 164.532 - 0.024 - 164.372 = 0.136$$

（3）计算自由度和方差，构造统计量

$$df_A = a-1 = 2 \quad df_B = b-1 = 9 \quad df_e = (a-1)(b-1) = 18$$

$$MS_A = \frac{SS_A}{df_A} = \frac{0.024}{2} = 0.012$$

$$MS_B = \frac{SS_B}{df_B} = \frac{164.372}{9} = 18.264$$

$$M_e = \frac{SS_e}{df_e} = \frac{0.136}{18} = 0.00756$$

$$F_A = \frac{MS_A}{MS_e} = \frac{0.012}{0.00756} = 1.587$$

$$F_B = \frac{MS_B}{MS_e} = \frac{18.264}{0.00756} = 2417.235$$

（4）列出方差分析表 2-12。

表 2-12　资料的方差分析表

变异来源	SS	df	MS	F
A 因素	0.024	2	0.012	1.588
B 因素	164.372	9	18.264	2417.235
误差	0.136	18	0.008	
总和	1233.040	30		

由于因素 A 无显著差异，故认为因素 A 对试验结果无显著影响。即三名化验员的分析技术水平无差异。

由于因素 B 极显著差异，故认为因素 B 对试验结果有极显著影响。即产品颗粒质量检验结果在日期之间有显著差异。

B 因素各水平均值多重比较结果见表 2-13 和表 2-14。

表 2-13　多重比较结果（q 法）

处理	$\overline{x}_{\cdot j}$	$\overline{x}_{\cdot j}-3.07$	$\overline{x}_{\cdot j}-3.10$	$\overline{x}_{\cdot j}-3.37$	$\overline{x}_{\cdot j}-4.80$	$\overline{x}_{\cdot j}-5.00$	$\overline{x}_{\cdot j}-6.10$	$\overline{x}_{\cdot j}-7.80$	$\overline{x}_{\cdot j}-7.80$	$\overline{x}_{\cdot j}-8.27$
B_1	10.1	7.03**	7.00**	6.73**	5.30**	5.10**	4.00**	2.30**	2.30**	1.83**
B_6	8.27	5.20**	5.17**	4.90**	3.47**	3.27**	2.17**	0.47**	0.47**	
B_5	7.80	4.73**	4.70**	4.43**	3.00**	2.80**	1.70**	0.00		
B_7	7.80	4.73**	4.70**	4.43**	3.00**	2.80**	1.70**			
B_8	6.10	3.03**	3.00**	2.73**	1.30**	1.10**				
B_9	5.00	1.93**	1.90**	1.63**	0.20*					
B_2	4.80	1.73**	1.70**	1.43**						
B_{10}	3.37	0.30**	0.27**							
B_4	3.10	0.03								
B_3	3.07									

表 2-14　多重比较结果

处理	均值	差异显著性	
		A=0.05	A=0.01
B_1	10.1	a	A
B_6	8.27	b	B
B_5	7.80	c	C
B_7	7.80	c	C
B_8	6.10	d	D
B_9	5.00	e	E
B_2	4.80	f	E
B_{10}	3.37	g	F
B_4	3.10	h	G
B_3	3.07	h	G

结果表明，除 B_5 与 B_7，B_4 与 B_3 差异不显著，B_2 与 B_9 差异显著外，其余处理间均值差异极显著，产品颗粒百分率最高的是 B_1，最低的是 B_3 和 B_4。

使用 SPSS 对【例 2-2】进行方差分析。

首先运行 SPSS，SPSS 的数据格式、操作方法和统计结果见图 2-3（a）~图 2-3（f）。

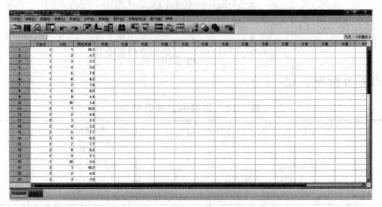

图 2-3（a） 数据格式

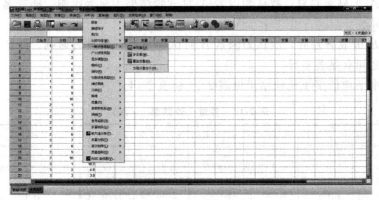

图 2-3（b） 运行方差分析

图 2-3（c） 选择因素与试验数据

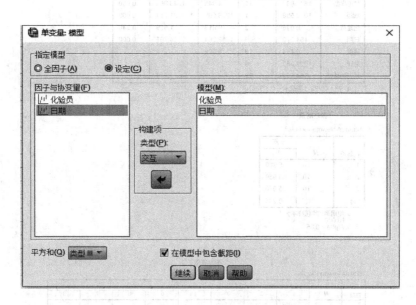

图 2-3（d） 选择模型

图 2-3（e） 选择 SNK 法

主体间效应的检验

因变量:颗粒质量

源	III 型平方和	df	均方	F	Sig.
校正模型	164.398[a]	11	14.945	1746.850	0.000
截距	1058.508	1	1058.508	123721.714	0.000
化验员	0.026	2	0.013	1.519	0.246
日期	164.372	9	18.264	2134.701	0.000
误差	0.154	18	0.009		
总计	1223.060	30			
校正的总计	164.552	29			

a. $R^2 = 0.999$ (调整 $R^2 = 0.998$).

颗粒质量

Student-Newman-Keuls[a,b]

化验员	N	子集 1
1	10	5.900
2	10	5.950
3	10	5.970
Sig.		0.235

a. 使用调和均值样本大小 = 10.000.
b. Alpha = 0.05.

颗粒质量

Student-Newman-Keuls

日期	N	子集 1	2	3	4	5	6	7	8
3	3	3.067							
4	3	3.100							
10	3		3.367						
2	3			4.800					
9	3				5.000				
8	3					6.100			
5	3						7.800		
7	3						7.800		
6	3							8.267	
1	3								10.100
Sig.		0.664	1.000	1.000	1.000	1.000	1.000	1.000	1.000

已显示同类子集中的组均值。
基于观测到的均值。
误差项均值方(错误) = 0.009。

图 2-3 (f)　Output 窗口的方差分析结果

(二) 两因素有重复观测值试验的方差分析

在进行两个因素或多个因素的试验时,除了要研究每一个因素对试验指标的影响外,往往更希望知道因素之间的交互作用对试验指标的影响情况。例如,通过研究环境温度、湿度、光照、气体成分等环境条件对导致食品腐烂变质的酶和微生物的活动影响有无交互作用,对有效控制酶和微生物活动、保持食品质量有着重大意义。

两个因素无重复观测值试验只适用于两个因素间无交互作用的情况,若两个因素间有交互作用,则每个水平组合中只设一个试验单位(观察单位)的试验设计是不正确或不完善的,这是因为①这种情况下,SS_e、df_e 实际上是 A、B 两个因素交互作用平方和与自由度,所求得的 MS_e 是交互作用均方,主要反映由交互作用所引起的变异;②若仍按前述方法进行方差分析,由于误差均方值大(包含交互作用在内),有可能掩盖试验因素的显著性,从而增大犯 II 型错误的概率;③每个水平组合只有一个观测值,无法估计真正的试验误差,因而不可能对因素的交互作用进行研究。

1. 交互作用

在多因素试验中,某些因素对指标的影响往往是互相制约、互相联系的。即在试验中不仅因素起作用,而且因素间有时联合搭配也起作用,这种联合作用并不等于各因素单独作用所产生的影响之和，称这种联合作用为交互作用，记为 $A \times B$，把具有正效应的交互作用称为正的交互作用，把具有负效应的交互作用称为负的交互作用，互作效应为零则称为无交互作用。

2. 两因素等重复试验的方差分析

① 问题的一般提法

某项试验因素 A 取 A_1，A_2，$\cdots$，A_a 共 a 个水平，因素 B 取 B_1，B_2，$\cdots$，B_b 共 b 个水平，共有 ab 个水平组合，每个水平组合有 n 次重复，则全试验共有 nab 个观测值，见表2-15。

表 2-15　两因素有重复观测值试验数据

A 因素	B 因素			A 合计	A 平均
	B	$\cdots$	B		
A_1	x_{1jk} x_{111} x_{112} $\vdots$ x_{11n}	$\cdots$ $\cdots$ $\vdots$	x_{1b1} x_{1b2} $\vdots$ x_{1bn}	$x_{1..}$	$\overline{x}_{1..}$
	$x_{1j\cdot}$	$x_{11\cdot}$	$\cdots$	$x_{1b\cdot}$	
	$\overline{x}_{1j\cdot}$	$\overline{x}_{11\cdot}$	$\cdots$	$\overline{x}_{1b\cdot}$	
$\vdots$	$\vdots$	$\vdots$		$\vdots$	$\vdots$
A_a	x_{ajk} x_{a11} x_{a12} $\vdots$ x_{a1n}	$\cdots$ $\cdots$ $\vdots$	x_{ab1} x_{ab2} $\vdots$ x_{abn}	$x_{a..}$	$\overline{x}_{a..}$
	$x_{aj\cdot}$	$x_{a1\cdot}$	$\cdots$	$x_{ab\cdot}$	
	$\overline{x}_{aj\cdot}$	$\overline{x}_{a1\cdot}$	$\cdots$	$\overline{x}_{ab\cdot}$	
B 合计 $x_{\cdot j\cdot}$	$x_{\cdot 1\cdot}$	$\cdots$	$x_{\cdot b\cdot}$	$x_{\cdots}$	
B 平均 $\overline{x}_{\cdot j\cdot}$	$\overline{x}_{\cdot 1\cdot}$	$\cdots$	$\overline{x}_{\cdot b\cdot}$	$\overline{x}_{\cdots}$	

表2-15 中

$$x_{i..}=\sum_{j=1}^{b}\sum_{k=1}^{n}x_{ijk} \qquad \overline{x}_{i..}=\frac{1}{bn}x_{i..}$$

$$x_{\cdot j\cdot}=\sum_{i=1}^{a}\sum_{k=1}^{n}x_{ijk} \qquad \overline{x}_{\cdot j\cdot}=\frac{1}{an}x_{\cdot j\cdot}$$

$$x_{\cdots}=\sum_{i=1}^{a}\sum_{j=1}^{b}\sum_{k=1}^{n}x_{ijk} \qquad \overline{x}_{\cdots}=\frac{1}{abn}x_{\cdots}$$

要求分别检验 A、B 及其交互作用 $A \times B$ 对试验结果是否有显著影响，即检验假设 H_{01}：因素 A 无显著影响；H_{02}：因素 B 无显著影响；H_{03}：交互作用 $A \times B$ 无显著影响。

② 两因素等重复试验方差分析的一般步骤

a. 总偏差平方和的分解

$$SS_T = \sum_{i=1}^{a}\sum_{j=1}^{b}\sum_{k=1}^{n}(x_{ijk}-\overline{x}_{\cdots})^2$$

$$=\sum_{i=1}^{a}\sum_{j=1}^{b}\sum_{k=1}^{n}\left[(x_{ijk}-\overline{x}_{ij\cdot})+(\overline{x}_{i..}-\overline{x}_{\cdots})+(\overline{x}_{\cdot j\cdot}-\overline{x}_{\cdots})+(\overline{x}_{ij\cdot}-\overline{x}_{i..}-\overline{x}_{\cdot j\cdot}+\overline{x}_{\cdots})\right]^2$$

$$= \sum_{i=1}^{a} \sum_{j=1}^{b} \sum_{k=1}^{n} (x_{ijk} - \overline{x}_{ij\cdot})^2 + br \sum_{i=1}^{a} (\overline{x}_{i\cdot\cdot} - \overline{x}_{\cdots})^2 + ar \sum_{j=1}^{b} (\overline{x}_{\cdot j\cdot} - \overline{x}_{\cdots})^2$$

$$+ r \sum_{i=1}^{a} \sum_{j=1}^{b} (\overline{x}_{ij\cdot} - \overline{x}_{i\cdot\cdot} - \overline{x}_{\cdot j\cdot} + \overline{x}_{\cdots})^2 \tag{2-33}$$

式（2-33）右端第一项为误差平方和 SS_e，反应重复试验的误差影响情况；第二项为因素 A 各水平之间的偏差平方和 SS_A，反映因素 A 对试验结果的影响；第三项为因素 B 各水平间的偏差平方和 SS_B，反映因素 B 对试验结果的影响；第四项为因素 A、B 的交互作用的偏差平方和 $SS_{A \times B}$，反映了 A 和 B 的交互作用对试验结果的影响。于是式（2-33）可记为

$$SS_T = SS_A + SS_B + SS_e + SS_{A \times B} \tag{2-34}$$

b. 偏差平方和的简化计算

$$SS_T = \sum_{i=1}^{a} \sum_{j=1}^{b} \sum_{k=1}^{n} (x_{ijk} - \overline{x}_{\cdots})^2 = \sum_{i=1}^{a} \sum_{j=1}^{b} \sum_{k=1}^{n} x_{ijk}^2 - \frac{1}{n} x^2 = Q_T - C \tag{2-35}$$

$$SS_A = bn \sum_{i=1}^{a} (\overline{x}_{i\cdot\cdot} - \overline{x}_{\cdots})^2 = \frac{1}{bn} \sum_{i=1}^{a} x_{i\cdot\cdot}^2 - \frac{1}{n} x_{\cdots}^2 = Q_A - C \tag{2-36}$$

$$SS_B = an \sum_{j=1}^{b} (\overline{x}_{\cdot j\cdot} - \overline{x}_{\cdots})^2 = \frac{1}{an} \sum_{j=1}^{b} x_{\cdot j\cdot}^2 - \frac{1}{n} x_{\cdots}^2 = Q_B - C \tag{2-37}$$

$$SS_e = \sum_{i=1}^{a} \sum_{j=1}^{b} \sum_{k=1}^{n} (x_{ijk} - \overline{x}_{ij\cdot})^2 = \sum_{i=1}^{a} \sum_{j=1}^{b} \sum_{k=1}^{n} x_{ijk}^2 - \frac{1}{n} \sum_{i=1}^{a} \sum_{j=1}^{b} \left(\sum_{k=1}^{n} x_{ijk} \right) = Q_T - W \tag{2-38}$$

$$SS_{A \times B} = SS_T - SS_A - SS_B - SS_e \tag{2-39}$$

c. 计算自由度和方差

SS_T 的自由度：

$$df_T = nab - 1$$

SS_A 的自由度：

$$df_A = a - 1$$

SS_B 的自由度：

$$df_B = b - 1$$

$SS_{A \times B}$ 的自由度：

$$df_{A \times B} = (a-1)(b-1)$$

SS_e 的自由度：

$$df_e = ab(n-1), df_T = df_A + df_B + df_{A \times B} + df_e \tag{2-40}$$

各因素及其交互作用的方差为：

$$MS_A = \frac{SS_A}{df_A} = \frac{SS_A}{a-1}$$

$$MS_B = \frac{SS_B}{df_B} = \frac{SS_B}{b-1}$$

$$MS_{A \times B} = \frac{SS_{A \times B}}{df_{A \times B}} = \frac{SS_{A \times B}}{(a-1)(b-1)} \tag{2-41}$$

$$MS_e = \frac{SS_e}{df_e} = \frac{SS_e}{ab(n-1)}$$

d. 显著性检验

数学上可以证明，当 H_{01} 为真时，则统计量

$$F_A = \frac{MS_A}{MS_e} = \frac{\dfrac{SS_A}{df_A}}{\dfrac{SS_e}{df_e}} \sim F(df_A, df_e)$$

假设 H_{02} 为真时，有

$$F_B = \frac{MS_B}{MS_e} = \frac{\dfrac{SS_B}{df_B}}{\dfrac{SS_e}{df_e}} \sim F(df_B, df_e)$$

假设 H_{03} 为真时，有

$$F_{A \times B} = \frac{MS_{A \times B}}{MS_e} = \frac{\dfrac{SS_{A \times B}}{df_{A \times B}}}{\dfrac{SS_e}{df_e}}$$

因此，对于给定的显著水平 α，在相应自由度下查 F 分布表得出 $F'_{A,\alpha}$、$F'_{B,\alpha}$ 和 $F'_{A \times B, \alpha}$，若 $F_A > F'_{A,\alpha}$，则拒绝 H_{01}；反之，则接受 H_{01}。若 $F_B > F'_{B,\alpha}$，则拒绝 H_{02}；反之，则接受 H_{02}。若 $F_{A \times B} > F'_{A \times B, \alpha}$，则拒绝 H_{03}；反之，则接受 H_{03}。

e. 列出方差分析表

根据上述计算结果，列出方差分析表，见表 2-16。

表 2-16　方差分析表

变异来源	SS	df	MS	F
A	$SS_A = \dfrac{1}{bn} \sum\limits_{i=1}^{a} x_{i..}^2 - C$	$df_A = a-1$	$MS_A = \dfrac{SS_A}{df_A}$	$F_A = \dfrac{MS_A}{MS_e}$
B	$SS_B = \dfrac{1}{an} \sum\limits_{j=1}^{b} x_{.j.}^2 - C$	$df_B = b-1$	$MS_B = \dfrac{SS_B}{df_B}$	$F_B = \dfrac{MS_B}{MS_e}$
$A \times B$	$SS_{A \times B} = SS_T - SS_A - SS_B - SS_e$	$df_{A \times B} = (a-1)(b-1)$	$MS_{A \times B} = \dfrac{SS_{A \times B}}{df_{A \times B}}$	$F_{A \times B} = \dfrac{MS_{A \times B}}{MS_e}$
误差	$SS_e = \sum\limits_{i=1}^{a} \sum\limits_{j=1}^{b} \sum\limits_{k=1}^{n} x_{ijk}^2 - W$	$df_e = ab(n-1)$	$MS_e = \dfrac{SS_e}{df_e}$	
总变异	$SS_T = \sum\limits_{i=1}^{a} \sum\limits_{j=1}^{b} \sum\limits_{k=1}^{n} x_{ijk}^2 - C$	$df_T = abn-1$		

矫正数

$$C = x_{...}^2 / (abn)$$

水平组合平方和与自由度

$$SS_{AB} = \frac{1}{n} \sum x_{ij.}^2 - C, \quad df_{AB} = ab-1 \tag{2-42}$$

A 因素各水平的重复数为 bn，故 A 因素各水平的标准误（记为 $S_{\bar{x}_{i..}}$）的计算公式为

$$S_{\bar{x}_{i..}} = \sqrt{MS_e / bn}$$

B 因素各水平的重复数为 an，故 B 因素各水平的标准误（记为 $S_{\bar{x}_{.j.}}$）的计算公式为

$$S_{\bar{x}_{.j.}} = \sqrt{MS_e / an}$$

当交互作用显著，进行各水平组合平均数间的比较时，因为水平组合数通常较大，采用

最小显著极差法进行各水平组合平均数的比较，计算较麻烦。为了简便起见，常采用 t 检验法。所谓 t 检验法，实际上就是以 q 检测法中秩次距 k 最大时 LSR 值作为检验尺度检验各水平组合平均数间的差异显著性。

因为水平组合的重复数为 n，故水平组合的标准误（$S_{\bar{x}_{ij}.}$）的计算公式为

$$S_{\bar{x}_{ij}.} = \sqrt{MS_e/n}$$

【例 2-3】 为了提高某产品的得率，研究了提取温度(A)和提取时间(B)对产品得率的影响。提取温度(A)有 3 个水平，A_1 为 80℃、A_2 为 90℃、A_3 为 100℃；提取时间(B)有 3 个水平，B_1 为 40min、B_2 为 30min、B_3 为 20min，共组成 9 个水平组合（处理），每个水平组合含有 3 个重复。试验结果如表 2-17 所示。试分析提取温度和提取时间对该产品得率的影响。

表 2-17 不同提取温度和提取时间对某产品得率的影响

A	B		
	1	2	3
1	8	7	6
	8	7	5
	8	6	6
2	9	7	8
	9	9	7
	8	6	6
3	7	8	10
	7	7	9
	6	8	9

本例中 A 因素（提取温度）分 3 个水平，即 $a=3$；B 因素（提取时间）分 3 个水平，即 $b=3$；共有 $ab=3×3=9$ 个水平组合；重复数 $n=3$；全试验共有 $abn=3×3×3=27$ 个观测值。

使用 SPSS 对例 2-3 进行方差分析。

首先运行 SPSS，SPSS 的数据格式、操作方法和统计结果见图 2-4（a）～2-4（e）。

图 2-4（a） 数据格式

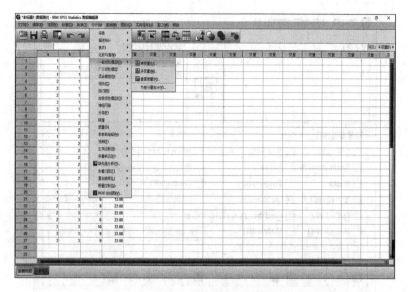

图 2-4（b） 运行方差分析

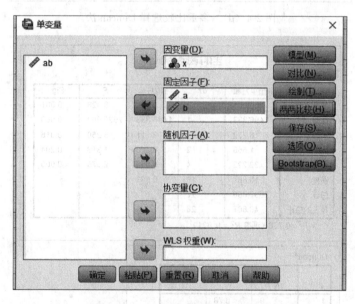

图 2-4（c） 选择因素和试验数据

由图 2-4（e）方差分析结果表明不同处理间和时间与温度的交互作用对产品得率的影响达到了极显著水平，温度对产品得率的影响达到了 0.05 的差异显著性水平，而时间对产品得率的影响差异不显著。

由 A 与 B 因素多重比较可知，A_3 与 A_1 之间差异显著、A_2 与 A_1 之间差异显著、A_3 与 A_2 之间差异显著。而时间的不同水平对产品得率的影响差异不显著。一般来说，当 A、B 因素的交互作用显著时，不必进行两者主效应的分析，而是直接进行各水平组合平均数的多重比较，选择最优水平组合。

由图 2-5（a）～图 2-5（d）可以看出各水平组合平均数多重比较结果表明，按 A_3B_3、A_2B_1 两个组合选用提取温度和时间可望获得较高的产品得率。

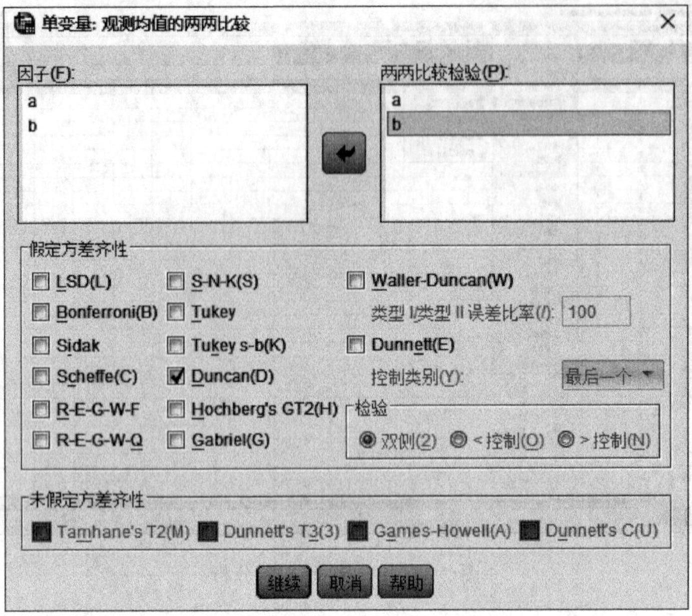

图 2-4 （d） 多重比较选择 Duncan 法

主体间效应的检验

因变量:x

源	III 型平方和	df	均方	F	Sig.
校正模型	30.000ᵃ	8	3.750	6.328	0.001
截距	1496.333	1	1496.333	2525.063	0.000
a	6.222	2	3.111	5.250	0.016
b	1.556	2	0.778	1.313	0.294
a*b	22.222	4	5.556	9.375	0.000
误差	10.667	18	0.593		
总计	1537.000	27			
校正的总计	40.667	26			

a. $R^2 = 0.738$（调整 $R^2 = 0.621$）。

Duncanᵃ,ᵇ

a	N	子集 1	子集 2
1	9	6.78	
2	9		7.67
3	9		7.89
Sig.		1.000	0.548

Duncanᵃ,ᵇ

a	N	子集 1
2	9	7.22
3	9	7.33
1	9	7.78
Sig.		0.164

图 2-4 （e） Output 窗口的方差分析结果

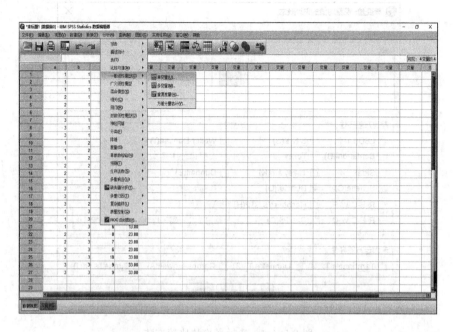

图 2-5（a） 数据格式和运行方差分析

图 2-5（b） 选择处理号和试验数据

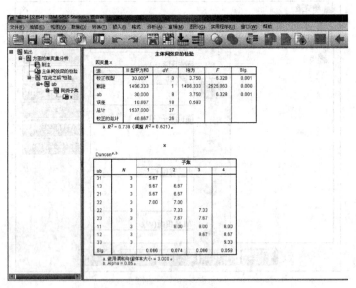

图 2-5（c）　选择平均数比较方法

图 2-5（d）　Output 窗口的方差分析结果

第四节 系统（组内）分组资料的方差分析与 SPSS 应用

在单因素方差分析中，如果组内的试验数据存在系统误差，就需进行系统分组（组内分组）资料的方差分析。

安排多因素试验方案时，将 A 因素分为 a 个水平，在 A 因素每个水平 A_i 下又将 B 因素分成 b 个水平，这样得到各因素水平组合的方式称为系统分组或组内分组设计。

在系统分组中，首先划分水平的因素称为一级因素（或一级样本），其次划分水平的因素称为二级因素（或二级样本、次级样本），分析侧重于一级因素。

由系统分组方式安排的多因素试验而得到的资料称为系统分组资料，根据次级样本含量是否相等，系统分组资料分为次级样本含量相等与不等两种。

一、次级样本含量相等的系统分组资料的方差分析

设 A 因素由 a 个水平；A 因素每个水平 A_i 下 B 因素有 b 个水平；B 因素每个水平 B_{ij} 下有 n 个观测值，则共有 abn 个观测值，其试验数据见表 2-18。

表 2-18 两因素系统分组资料数据

一级因素	二级因素	观测值				二级因素		一级因素	
A	B	x_{ijl}				合计 $x_{ij\cdot}$	平均 $\overline{x}_{ij\cdot}$	合计 $x_{i\cdot\cdot}$	平均 $\overline{x}_{i\cdot\cdot}$
A_1	B_{11}	x_{111}	$\cdots$		x_{11n}	$x_{11\cdot}$	$\overline{x}_{11\cdot}$		
	B_{12}	x_{121}	$\cdots$		x_{12n}	$x_{12\cdot}$	$\overline{x}_{12\cdot}$	$x_{1\cdot\cdot}$	$\overline{x}_{1\cdot\cdot}$
	$\vdots$	$\vdots$	$\cdots$		$\vdots$	$\vdots$	$\vdots$		
	B_{1b}	x_{1b1}	$\cdots$		x_{1bn}	$x_{1b\cdot}$	$\overline{x}_{1b\cdot}$		
$\vdots$	$\vdots$	$\vdots$	$\cdots$		$\vdots$	$\vdots$	$\vdots$		
A_a	B_{a1}	x_{a11}	$\cdots$		x_{a1n}	$x_{a1\cdot}$	$\overline{x}_{a1\cdot}$		
	B_{a2}	x_{a21}	$\cdots$		x_{a2n}	$x_{a2\cdot}$	$\overline{x}_{a2\cdot}$	$x_{a\cdot\cdot}$	$\overline{x}_{a\cdot\cdot}$
	$\vdots$	$\vdots$	$\cdots$		$\vdots$	$\vdots$	$\vdots$		
	B_{ab}	x_{ab1}	$\cdots$		x_{abn}	$x_{ab\cdot}$	$\overline{x}_{ab\cdot}$		
合计								$x_{\cdots}$	

对两因素系统分组资料进行方差分析，平方和的剖分式为

$$SS_T = SS_A + SS_{B(A)} + SS_e, \quad df_T = df_A + df_{B(A)} + df_e$$

$$SS_T = \sum_{i=1}^{a}\sum_{j=1}^{b}\sum_{l=1}^{n}(x_{ijl} - \overline{x}_{\cdots})^2, \quad SS_A = \sum_{i=1}^{a}\sum_{j=1}^{b}\sum_{l=1}^{n}(\overline{x}_{i\cdot\cdot} - \overline{x}_{\cdots})^2$$

$$SS_{B(A)} = \sum_{i=1}^{a}\sum_{j=1}^{b}\sum_{l=1}^{n}(\overline{x}_{ij\cdot} - \overline{x}_{i\cdot\cdot})^2, \quad SS_e = \sum_{i=1}^{a}\sum_{j=1}^{b}\sum_{l=1}^{n}(x_{ijl} - \overline{x}_{ij\cdot})^2$$

计算方法见表 2-19。

表 2-19 方差分析表

变异来源	SS	df	MS	F
A	$SS_A = \dfrac{\sum\limits_{i=1}^{a} x_{i\cdot\cdot}^2}{bn} - C$			
B(A)	$SS_{B(A)} = \dfrac{\sum\limits_{i=1}^{a}\sum\limits_{j=1}^{b} x_{ij\cdot}^2}{n} - \dfrac{\sum\limits_{i=1}^{a} x_{i\cdot\cdot}^2}{bn}$	$df_{B(A)} = ab - a$	$MS_{B(A)} = \dfrac{SS_{B(A)}}{df_{B(A)}}$	$F_{B(A)} = \dfrac{MS_{B(A)}}{MS_e}$
误差	$SS_e = SS_T - SS_A - SS_{B(A)}$	$df_e = ab(n-1)$	$MS_e = \dfrac{SS_e}{df_e}$	
总变异	$SS_T = \sum\limits_{i=1}^{a}\sum\limits_{j=1}^{b}\sum\limits_{k=1}^{n} x_{ijk}^2 - C$	$df_T = abn - 1$		

一级因素水平间多重比较：标准误为

$$S_{\bar{x}} = \sqrt{MS_{B(A)}/bn}$$

对于一级因素内二级因素各水平平均数，由于不是研究的重点，故可以不进行多重比较。若要进行多重比较，标准误 S_x 应由 $\sqrt{MS_e/n}$ 计算。

【例 2-4】 随机选取 3 株植物，在每一株内随机选取两片叶子，用取样器从每一片叶子上选取同样面积的两个样本，称取湿重（g），结果见表 2-20，植株的不同叶片间湿重差异是否显著。

表 2-20 叶片间始终测定结果

植株 A	叶片 B	测定结果 x_{ijl}		$x_{ij\cdot}$	$\overline{x}_{ij\cdot}$	$x_{i\cdot\cdot}$	$\overline{x}_{i\cdot\cdot}$
A_1	B_{11}	12.1	12.1	24.2	12.1	49.8	12.45
	B_{12}	12.8	12.8	25.6	12.8		
A_2	B_{21}	14.4	14.4	28.8	14.4	58	14.5
	B_{22}	14.7	14.5	29.2	14.6		
A_3	B_{31}	23.1	23.4	46.5	23.25	103.4	25.85
	B_{32}	28.1	28.8	56.9	28.45		
合计		$x_{\cdots} = 211.2$					

这是一个两因素系统分组资料，A 因素的水平数 $a = 3$，A_i 内 B 因素的水平数 $b = 2$，B_{ij} 内重复测定次数 $n = 2$，共有 $abn = 3 \times 2 \times 2 = 12$ 个观测值，方差分析如下。

$$C = \frac{x_{\cdots}^2}{abn} = \frac{211.2^2}{3 \times 2 \times 2} = 3717.2000$$

$$SS_T = \sum\sum\sum x_{ijl}^2 - C = (12.1^2 + 12.1^2 + \cdots + 28.1^2 + 28.1^2) - 3717.2000$$
$$= 4161.7800 - 3717.2000 = 444.5800$$

$$SS_A = \frac{1}{bn}\sum x_{i\cdot\cdot}^2 - C = \frac{1}{2 \times 2}(49.8^2 + 58.0^2 + 103.4^2) - 3717.2000$$
$$= 4133.9000 - 3717.2000 = 416.7000$$

$$df_A = a - 1 = 3 - 1 = 2$$

$$SS_{B(A)} = \frac{1}{n}\sum\sum x_{ij}^2. - \frac{1}{bn}\sum x_i^2..$$

$$= \frac{1}{2}(24.2^2 + 25.6^2 + \cdots + 46.5^2 + 56.9^2) - \frac{1}{2\times2}(49.8^2 + 58.0^2 + 103.4^2)$$

$$= 4161.4700 - 4133.9000 = 27.5700$$

$$df_{B(A)} = a(b-1) = 3\times(2-1) = 3$$

$$SS_e = SS_T - SS_A - SS_{B(A)} = 444.58 - 416.7 - 27.57 = 0.3100$$

$$df_e = ab(n-1) = 3\times2\times(2-1) = 6$$

列出方差分析表 2-21，进行 F 检验。

表 2-21　不同植株叶片湿重方差分析表

变异来源	SS	df	MS	F
植株间 A	416.7	2	208.35	22.67
植株内叶片间 $B(A)$	27.57	3	9.19	177.76
误差 $C(B)$	0.31	6	0.0517	
总变异	444.58	11		

查临界 F 值：$F_{0.05}(2,3) = 9.55$，$F_{0.01}(2,3) = 30.82$，$F_{0.01}(3,6) = 9.78$，因为植株间的 F 介于 $F_{0.05}(2,3)$、$F_{0.01}(2,6)$ 之间，植株内叶片间的 $F > F_{0.01}(3,6)$，表明不同植株的叶片湿重差异显著；同一植株的不同叶片的湿重差异极显著。

三株植株叶片平均湿重的多重比较（SSR 法），因为对植株进行 F 检验时是以植株内叶片间均方作为分母，植株的重复数为 bn，所以植株的标准误为

$$S_{\bar{x}} = \sqrt{MS_{B(A)}/bn} = \sqrt{2.2975} = 1.5158$$

由 $df_{B(A)} = 3$，$k = 2$，3，查附表，得 SSR$_{0.05}$ 和 SSR$_{0.01}$ 值并与 $S_{\bar{x}}$ 相乘，求出相应的 LSR$_{0.05}$ 和 LSR$_{0.01}$ 的值，得

$$LSR_{0.05,2} = 6.82, LSR_{0.01,2} = 12.52$$

$$LSR_{0.05,3} = 6.82, LSR_{0.01,2} = 12.88$$

多重比较结果见表 2-22。

表 2-22　植株叶片平均湿重多重比较结果表

植株	平均数 $\bar{x}_i..$	$\bar{x}_i.. - 12.45$	$\bar{x}_i.. - 14.5$
A_3	25.85	13.4	11.35
A_2	14.5	2.05	
A_1	12.45		

多重比较结果表明：植株 A_3 的叶片平均湿重极显著高于植株 A_1，显著高于植株 A_2；植株 A_2 的叶片平均湿重显著高于植株 A_1。

对于植株内叶片间的差异问题，由于不是研究的重点，故可以不进行多重比较。若要比较时，应由 $\sqrt{MS_e/n}$ 计算标准误 $S_{\bar{x}}$，以自由度 $df_e = 6$ 查 SSR 值或 q 值。

使用SPSS对【例2-4】进行方差分析。

首先运行SPSS，SPSS的数据格式、操作方法和统计结果见图2-6（a）～图2-6（e）。

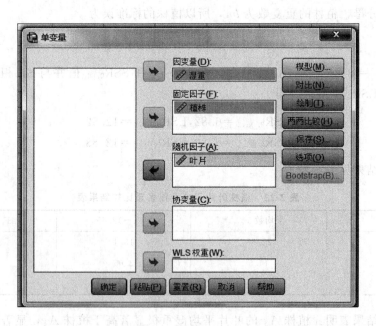

图2-6（a） 数据格式与运行方差

图2-6（b） 选择因素与试验数据

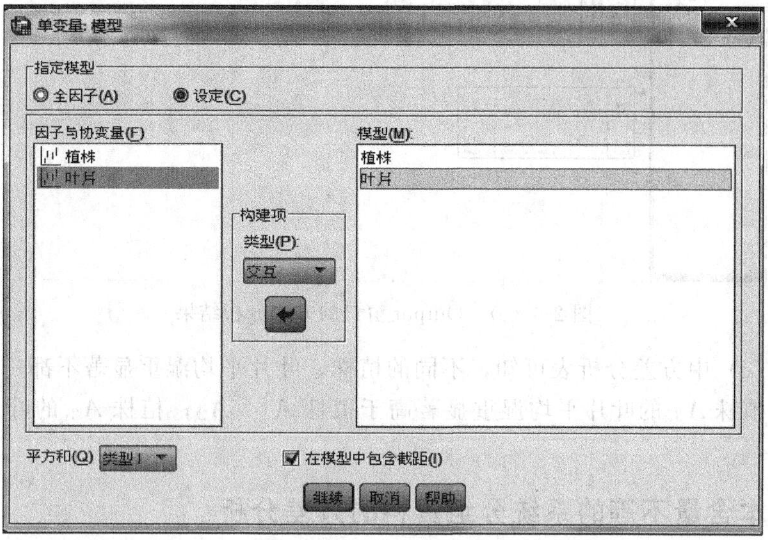

图 2-6 （c） 选择模型

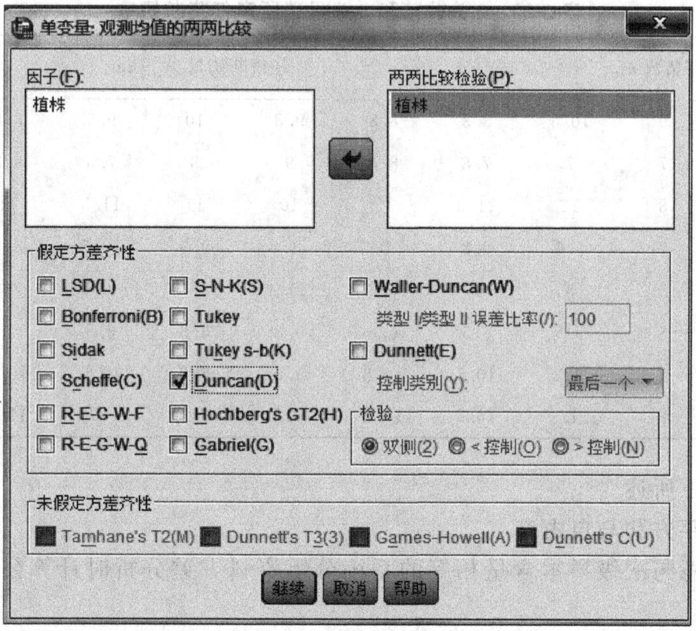

图 2-6 （d） SSR 法

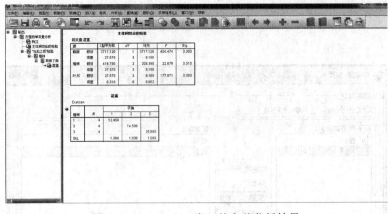

图 2-6 (e) Output 窗口的方差分析结果

由图 2-6 (e) 中方差分析表可知，不同的植株，叶片平均湿重显著不都一样；由多重比较结果可知，植株 A_3 的叶片平均湿重显著高于植株 A_1、A_2；植株 A_2 的叶片平均湿重显著高于植株 A_1。

二、次级样本含量不等的系统分组资料的方差分析

以下述动物科学试验为例，说明次级样本含量不等的系统分组资料的方差分析方法。

【例 2-5】 某品种 3 头公猪和 8 头母猪所生仔猪的 35 日龄断奶重资料如表 2-23 所示，试分析不同公猪对仔猪断奶重的影响是否有显著差异。

表 2-23 3 头公猪和 8 头母猪所产仔猪断奶重

公猪 A	所配母猪 B	仔猪数 n_{ij}	仔猪断奶量 x_{ijl}/kg							
A_1	B_{11}	9	10.5	8.3	8.8	9.8	10	9.5	8.8	9.3	7.3
	B_{12}	7	7	7.8	8.3		8	7.5	9.3		
A_2	B_{21}	8	12	11.3	12	10	11	11.5	11	11.3	
	B_{22}	7	9.5	9.8	10	11.8	9.5	10.5	8.3		
	B_{23}	9	8	7.8	10.3	7	8.8	7.3	7.8	9.5	
A_3	B_{31}	8	7.5	6.5	6.8	6.3	8.3	6.8	8	8.8	
	B_{32}	7	9.5	10.5	10.8	9.5	7.8	10.5	10.8		
	B_{33}	8	11.3	10.5	10.8	9.5	7.3	10	11.8	11	

方差分析如下所述。

1. 计算各项平方和与自由度

这里应当注意与次级样本含量相等的系统分组资料方差分析时计算公式上的差异。矫正数：

$$C = \frac{x_{\cdots}^2}{N} = \frac{583.8^2}{63} = 5409.8800$$

$$SS_T = \sum_{i=1}^{a} \sum_{j=1}^{b_i} \sum_{l=1}^{n_{ij}} (x_{ijl} - \overline{x}_{\cdots})^2 = \sum_{i=1}^{a} \sum_{j=1}^{b_i} \sum_{l=1}^{n_{ij}} x_{ijl}^2 - C$$

$$= (10.5^2 + 8.3^2 + \cdots + 11.8^2 + 11.0^2) - 5409.8800 = 149.4600$$

$$df_T = N - 1 = 63 - 1 = 62$$

$$SS_A = \sum_{i=1}^{a} d_{n_i} (\bar{x}_{i\cdot\cdot} - \bar{x}_{\cdot\cdot\cdot})^2 = \sum_{i=1}^{a} \frac{x_{i\cdot\cdot}^2}{d_{n_i}} - C$$

$$= \frac{139.2^2}{16} + \frac{234.0^2}{24} + \frac{210.6^2}{23} - 5409.8800 = 11.0235$$

$$df_T = a - 1 = 3 - 1 = 2$$

$$SS_{B(A)} = \sum_{i=1}^{a} \sum_{j=1}^{b_i} n_{ij} (\bar{x}_{ij\cdot} - \bar{x}_{i\cdot\cdot})^2 = \sum_{i=1}^{a} \sum_{j=1}^{b_i} \frac{x_{ij\cdot}^2}{n_{ij}} - \sum_{i=1}^{a} \frac{x_{i\cdot\cdot}^2}{d_{n_i}}$$

$$= \frac{82.3^2}{9} + \frac{56.9^2}{7} + \frac{90.1^2}{8} + \cdots + \frac{82.2^2}{8} - \frac{139.2^2}{16} - \frac{234.0^2}{24} - \frac{210.6^2}{23}$$

$$= 5502.3820 - 5420.9035 = 81.4785$$

$$df_{B(A)} = \sum_{i=1}^{a} (b_i - 1) = \sum_{i=1}^{a} b_i - a = 8 - 3 = 5$$

$$SS_e = \sum_{i=1}^{a} \sum_{j=1}^{b} \sum_{l=1}^{n_{ij}} (x_{ijl} - \bar{x}_{ij\cdot})^2 = \sum_{i=1}^{a} \sum_{j=1}^{b} \sum_{l=1}^{n_{ij}} x_{ijl}^2 - \sum_{i=1}^{a} \sum_{j=1}^{b} \frac{x_{ij\cdot}^2}{n_{ij}}$$

$$= 10.5^2 + 8.3^2 + \cdots + 11.8^2 + 11.0^2 - \frac{82.3^2}{9} - \frac{56.9^2}{7} - \frac{90.1^2}{8} - \cdots - \frac{82.2^2}{8}$$

$$= 5559.3400 - 5502.3820 = 56.9580$$

或 $SS_e = SS_T - SS_A - SS_{B(A)} = 149.4600 - 11.0235 - 81.4785 = 56.9580$

$$df_e = \sum_{i=1}^{a} \sum_{j=1}^{b} (n_{ij} - 1) = N - \sum_{i=1}^{a} b_i = 63 - 8 = 55$$

或 $df_e = df_T - df_A - df_{B(A)} = 62 - 2 - 5 = 55$

2. 列出方差分析表（见表 2-24），进行 **F** 检验

表 2-24　3 头公猪和 8 头母猪所产仔猪断奶重的分析表

变异来源	平方和	自由度	均方	F 值
公猪间 A	11.0235	2	505118	0.34
公猪内母猪间 B(A)	81.4785	5	16.2957	15.74
母猪内仔猪间（误差）	56.958	55	1.0356	
总变异	149.46	62		

因为公猪间的 $F_A = 0.34 < 1$，即 $p > 0.05$，所以公猪对仔猪的断奶重影响不显著，可认为它们种用价值是一致的；因为公猪内母猪间的 $F_{B(A)} = 15.74 > F_{0.01(5,55)} = 3.37$，即 $p < 0.01$，所以母猪对仔猪的断奶重影响极显著。

3. 多重比较

如果需对一级因素（公猪）各水平以及一级因素内二级因素（母猪）各水平均数进行多重比较（SSR 法或 p 法），当对公猪平均数进行多重比较时，标准误

$$S_{\bar{x}} = \sqrt{MS_{B(A)} / d_{n_0}}$$

式中，d_{n_0} 为每头公猪的平均仔猪数

$$d_{n_0} = \frac{N - \dfrac{\sum (d_{n_i})^2}{N}}{df_A} \qquad (2\text{-}43)$$

当对母猪平均数进行多重比较时，标准误为 $S_{\bar{x}} = \sqrt{MS_e / n_0}$

式中，n_0 为每头母猪的平均仔猪数。

$$n_0 = \frac{N - \displaystyle\sum_{i=1}^{a} \sum_{j=1}^{b_i} \dfrac{n_{ij}^2}{d_{n_i}}}{df_{B(A)}} \qquad (2\text{-}44)$$

实际上对于此类资料，一级因素内二级因素各水平均数的多重比较一般可不进行。

使用 SPSS 对例 2-5 进行方差分析。

首先运用 SPSS，SPSS 的数据格式、操作方法和统计结果见图 2-7（a）～图 2-7（e）。

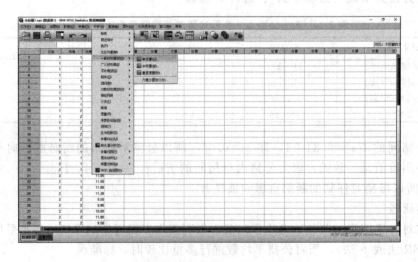

图 2-7（a）　数据格式

图 2-7（b）　运行方差分析

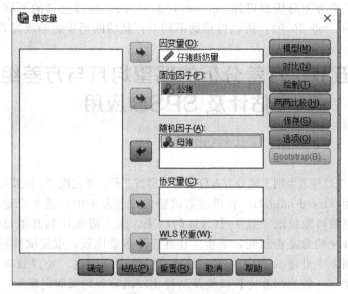

图 2-7（c） 选择因素和试验数据

图 2-7（d） 选择模型

图 2-7（e） Output 窗口的方差分析结果

由图 2-7（e）中方差分析表可知，$p=0.732>0.05$，所以公猪的不同对仔猪的断奶重影响不显著；$p=0.000<0.01$，所以母猪的不同对仔猪的断奶重影响极显著。

第五节 方差分析的期望均方与方差组分估计及 SPSS 应用

一、概念

方差分析中，按处理的类别来划分方差分析的模型有三种：固定模型、随机模型和混合模型。

（1）固定模型（fixed model） 在单因素试验的方差分析中，把 k 个处理看作 k 个明晰的总体。如果研究的对象只限于这 k 个总体的结果，而不需推广到其他总体；研究目的在于推断这 k 个总体平均数是否相同，下步工作在于作多重比较；重复试验时的处理仍为原 k 个处理。这样，则 k 个处理的效应固定于所试验的处理范围内，处理效应是固定的，这种模型称为固定模型。一般的饲养比较试验及品种比较试验等均属固定模型。

（2）随机模型（random model） 在方差分析试验中，如果研究的目的是估计因素的变化造成试验指标的变异大小，这 k 个总体应随机抽取，这种模型称为随机模型。随机模型在遗传、育种和生态试验研究方面有广泛的应用。例如，为研究中国猪种的繁殖性能的变异情况，从大量地方品种中随机抽取部分品种为代表进行试验、观察，根据其结果推断中国猪种的繁殖性能的变异情况，这就属于随机模型。在多因素试验中，若各因素水平均属随机，则对应于随机模型。

（3）混合模型（mixed model） 在多因素试验中，若既包括固定的试验因素，又包括随机的试验因素，则该试验对应于混合模型。混合模型在试验研究中是经常采用的。例如，目的在于比较 3 头公猪的种用价值，与其配的母猪是随机抽取的，则公猪效应是固定的，而母猪效应是随机的。

二、期望均方

由于模型不同，方差分析中各项期望均方的计算也有所不同，因而 F 检验时分母项均方的选择也有所不同。现将不同方差分析中各种模型下各项期望均方及 F 值计算分别列于下面表 2-25～表 2-30，以便正确地进行 F 检验和估计方差组分。

为了区分效应的两种模型（随机及固定），用 σ^2 表示随机模型下处理效应方差，用 k_a^2 表示固定模型下处理效应方差。例如，对于 A 因素，随机模型时用 σ_A^2 表示处理效应方差；固定模型时用 k_A^2 表示处理效应方差，此时 $k_A^2=\sum(\mu^2-\mu)^2/(k-1)=\sum a_i^2/(k-1)$，$\mu=\sum u/k$。

（一）单因素试验资料方差分析的期望均方

1. 各处理重复数相等时（见表 2-25）

表 2-25 单因素试验重复数相等期望均方与 F 检验

变异来源	自由度	固定模型		随机模式	
		$E(MS)$	F	$E(MS)$	F
处理间	$k-1$	$nk_a^2+\sigma^2$	MS_t/MS_e	$n\sigma_a^2+\sigma^2$	MS_t/MS_e
处理内	$kn-k$	σ^2		σ^2	
总变异	$kn-1$				

2. 各处理重复数不等时（见表 2-26）

在表 2-26 中，随机模型时，σ_a^2 的系数 n_0 由下式计算：

$$n_0 = \frac{1}{k-1}\left[\sum n_i - \frac{\sum n_i^2}{\sum n_i}\right]$$

单因素试验资料的方差分析，不论是固定模型还是随机模型，F 值的计算方法是一致的。

表 2-26　单因素试验重复数不等期望均方与 F 检验

变异来源	自由度	固定模型		随机模式	
		$E(MS)$	F	$E(MS)$	F
处理间	k	$\sum n_i \alpha_i^2/(k-1)+\sigma^2$	MS_t/MS_e	$n_0\sigma_a^2+\sigma^2$	MS_t/MS_e
处理内	$N-k$	σ^2		σ^2	
总变异	$N-1$				

（二）两因素交叉分组试验资料方差分析的期望均方

1. 两因素交叉分组单独观测值时（表 2-27）

表 2-27　两因素交叉分组单独观测值的期望均方与 F 检验

变异来源	自由度	固定模型		随机模式		A 固定、B 随机	
		$E(MS)$	F	$E(MS)$	F	$E(MS)$	F
A 因素	$a-1$	$bk_A^2+\sigma^2$	$\dfrac{MS_A}{MS_e}$	$b\sigma_A^2+\sigma^2$	$\dfrac{MS_A}{MS_e}$	$bk_A^2+\sigma^2$	$\dfrac{MS_A}{MS_e}$
B 因素	$b-1$	$ak_B^2+\sigma^2$	$\dfrac{MS_B}{MS_e}$	$a\sigma_B^2+\sigma^2$	$\dfrac{MS_B}{MS_e}$	$ak_B^2+\sigma^2$	$\dfrac{MS_B}{MS_e}$
误差	$(a-1)(b-1)$	σ^2		σ^2		σ^2	
总变异	$(ab-1)$						

2. 两因素交叉分组有重复观测值时（表 2-28）

表 2-28　两因素交叉分组重复观测值的期望均方与 F 检验

变异来源	自由度	固定模型		随机模式		A 随机、B 固定	
		$E(MS)$	F	$E(MS)$	F	$E(MS)$	F
A 因素	$a-1$	$bnk_A^2+\sigma^2$	$\dfrac{MS_A}{MS_e}$	$bn\sigma_A^2+n\sigma_{A\times B}^2+\sigma^2$	$\dfrac{MS_A}{MS_e}$	$bn\sigma_A^2+\sigma^2$	$\dfrac{MS_A}{MS_e}$
B 因素	$b-1$	$ank_B^2+\sigma^2$	$\dfrac{MS_B}{MS_e}$	$an\sigma_B^2+n\sigma_{A\times B}^2+\sigma^2$	$\dfrac{MS_B}{MS_e}$	$ank_B^2+n\sigma_{A\times B}^2+\sigma^2$	$\dfrac{MS_B}{MS_e}$
$A\times B$	$(a-1)(b-1)$	$nk_{A\times B}^2+\sigma^2$	$\dfrac{MS_{A\times B}}{MS_e}$	$n\sigma_{A\times B}^2+\sigma^2$	$\dfrac{MS_{A\times B}}{MS_e}$	$n\sigma_{A\times B}^2+\sigma^2$	$\dfrac{MS_{A\times B}}{MS_e}$
误差	$ab(n-1)$	σ^2		σ^2		σ^2	
总变异	$abn-1$						

（三）系统分组资料方差分析的期望均方

两因素系统分组次级样本含量相等时，期望均方与 F 检验见表 2-29。

表 2-29　两因素系统分组次级样本含量相等的期望均方与 F 检验

变异来源	自由度	固定模型		随机模式		A 随机、B 固定	
		$E(MS)$	F	$E(MS)$	F	$E(MS)$	F
A	$a-1$	$bnk_A^2+\sigma^2$	$\dfrac{MS_A}{MS_e}$	$n\sigma_A^2+n\sigma_{B(A)}^2+\sigma^2$	$\dfrac{MS_A}{MS_e}$	$bnk_A^2+n\sigma_{B(A)}^2+\sigma^2$	$\dfrac{MS_{B(A)}}{MS_e}$
$B(A)$	$a(b-1)$	$nk_{B(A)}^2+\sigma^2$	$\dfrac{MS_{B(A)}}{MS_e}$	$n\sigma_{B(A)}^2+\sigma^2$	$\dfrac{MS_{B(A)}}{MS_e}$	$n\sigma_{B(A)}^2+\sigma^2$	$\dfrac{MS_A}{MS_e}$
误差	$ab(n-1)$	σ^2		σ^2		σ^2	
总变异	$abn-1$						

在随机模型下，当次级样本含量不等时，各项均方的期望值与 F 检验见表 2-30。

表 2-30　两因素系统分组次级样本含量不等的期望均方与 F 检验

变异来源	自由度	平方和	均方	$E(MS)$（随机模式）	F
A	$a-1$	SS_A	MS_A	$d_{n_0}\sigma_A^2+n_0\sigma_{B(A)}^2+\sigma^2$	$\dfrac{MS_A}{MS_{B(A)}}$
$B(A)$	$\displaystyle\sum_{i=1}^{a}b_i-a$	$SS_{B(A)}$	$MS_{B(A)}$	$n_0\sigma_{B(A)}^2+\sigma^2$	$\dfrac{MS_{B(A)}}{MS_e}$
误差	$N-\displaystyle\sum_{i=1}^{a}b_i$	SS_e	MS_e	σ^2	
总变异	$N-1$				

表 2-29 和表 2-30 中，σ^2 是二级因素内观测值间的方差，即误差方差；$\sigma_{B(A)}^2$ 是一级因素水平内二级因素水平效应方差；σ_A^2 是一级因素水平效应方差；n_0 是一级因素水平内每个二级因素水平下的平均重复数；d_{n_0} 是每个一级因素水平的平均重复数。n_0、n_0' 及 d_{n_0} 的计算公式如下：

$$n_0=\frac{N-\sum\limits_i\left[\dfrac{\sum\limits_j n_{ij}^2}{d_{n_i}}\right]}{df_{B(A)}} \tag{2-45}$$

$$n_0'=\frac{\sum\limits_i\left[\dfrac{\sum\limits_j n_{ij}^2}{d_{n_i}}\right]-\dfrac{\sum\limits_{i,j}n_{ij}^2}{N}}{df_A} \tag{2-46}$$

$$d_{n_0}=\frac{N-\dfrac{\sum(d_{n_i})^2}{N}}{df_A} \tag{2-47}$$

式中，N 为全部观测值个数；n_{ij} 为一级因素 A_i 水平内二级因素 B_{ij} 水平的重复数；d_{n_i} 为一级因素 A_i 水平的重复数；$df_{B(A)}$ 为一级因素内二级因素的自由度；df_A 为一级因素的自由度。

三、方差组分的估计

了解期望均方的组成，不仅有助于正确进行 F 检验，而且也有助于参数估计。最常见的就是估计方差组分，又称方差分量分析。方差组分，即方差分量（variance component），是指方差的组成成分。根据资料模型和期望均方的组成，就可估计出所需要的方差组分。

方差组分的估计主要是指对随机模型的方差组分估计。因为只有随机抽取总体，由各总体平均数去估计试验指标的变异，才是无偏估计。在研究数量性状的遗传变异时，对一些遗传参数的估计，如重复率、遗传力和性状间的遗传相关的估计都是在随机模型方差组分估计的基础上进行的。下面结合实例说明方差组分的估计。

【例 2-6】 某地区为了解降水造成农作物产量变异的大小，随机选取了 5 个降水量，试验所得数据见表 2-31。

表 2-31　不同降水量产量试验数据表

处理	产量/(kg/50m²)			
1	24	30	28	26
2	27	24	21	26
3	31	28	25	30
4	32	33	33	28
5	21	22	16	21

这是一个单因素重复数相等的试验，查表可知

$$E(MS_t) = n\sigma_\alpha^2 + \sigma^2$$

$$\sigma_\alpha^2 = \frac{E(MS_t) - \sigma^2}{n} \approx \frac{MS_t - MS_e}{n} = \frac{75.3 - 6.733}{4} = 17.142$$

所以该地区降水的变化造成产量的变化达到了 17.142。

使用 SPSS 对例 2-6 进行方差组分估计分析。

首先运行 SPSS，SPSS 的数据格式、操作方法和统计结果见图 2-8（a）～图 2-8（c）。

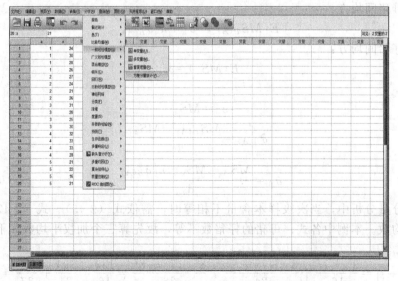

图 2-8（a）　数据格式与方差组分分析的运行

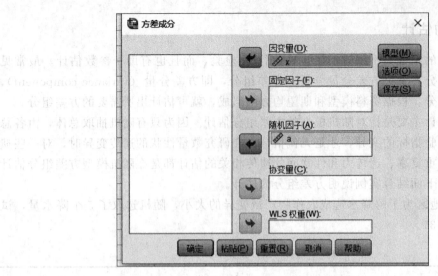

图 2-8（b） 选择因素和试验数据

方差估计

分量	估计
Var(a)	17.142
Var(误差)	6.733

图 2-8（c） Output 窗口的方差组分估计结果

结论：降水造成的产量方差是 17.142。

对【例 2-5】3 头公猪、母猪及它们所生仔猪的断奶重资料中的 3 头公猪看做是随机抽取的，目的是研究所产仔猪重变异是否增大。公猪与所配母猪都是随机的，因而该资料属于随机模型，方差组分估计如下。

因次级样本含量不等，由表 2-31 可知：

公猪间均方：

$$E(MS_A)=\sigma^2+n'_0\sigma^2_{B(A)}+d_{n_0}\sigma^2_A$$

公猪内母猪间均方：

$$E[MS_{B(A)}]=\sigma^2+n_0\sigma^2_{B(A)}$$

母猪内仔猪间均方：

$$E(MS_e)=\sigma^2$$

因而

$$\sigma^2=MS_e$$

$$\hat{\sigma}_{B(A)}=\frac{MS_{B(A)}-MS_e}{n_0}$$

$$\hat{\sigma}_A=\frac{MS_A-MS_e-n'_0\hat{\sigma}_{B(A)}}{d_{n_0}}$$

在方差分量分析中，当次级样本含量不相等时，需依式（2-45）～式（2-47）求三个相应的加权平均数。本例中各式、母猪的仔猪数不等，故先算三个加权平均数如下。

$$\sum_i\left[\frac{\sum_j n^2_{ij}}{d_{n_i}}\right]=\frac{9^2+7^2}{16}+\frac{8^2+7^2+9^2}{24}+\frac{8^2+7^2+8^2}{23}=\frac{130}{16}+\frac{194}{24}+\frac{177}{23}=23.9040$$

$$\frac{\sum\limits_{i,j} n_{ij}^2}{N} = \frac{9^2 + 7^2 + 8^2 + 7^2 + 9^2 + 8^2 + 7^2 + 8^2}{63} = \frac{130 + 194 + 177}{63} = 7.9524$$

$$\frac{\sum (d_{n_i})^2}{N} = \frac{16^2 + 24^2 + 23^2}{63} = 21.6032$$

代入式 (2-45)～式 (2-47)，得

$$n_0 = \frac{63 - 23.9040}{5} = 7.8192$$

$$n_0' = \frac{23.9040 - 7.9524}{2} = 7.9758$$

$$d_{n_0} = \frac{63 - 21.6032}{2} = 20.6984$$

将 n_0、n_0'、d_{n_0} 及【例 2-5】算出的有关均方值代入上面各方差组分计算式，得

$$\hat{\sigma} = MS_e = 1.0356$$

$$\hat{\sigma}_{B(A)}^2 = \frac{MS_{B(A)} - MS_e}{n_0} = (16.2957 - 1.0356)/7.8192 = 1.9516$$

$$\hat{\sigma}_A = \frac{MS_A - MS_e - n_0' \hat{\sigma}_{B(A)}^2}{d_{n_0}} = (5.5118 - 1.0356 - 7.9758 \times 1.9516)/20.6984 = -0.5358$$

这里应当注意，公猪效应方差的估计值为 -0.5358，这是不合理的，这主要是由于母猪间方差组分 $\sigma_{B(A)}^2$ 过大所致（一般 $MS_{B(A)} > MS_A$ 时，σ_A^2 就是负值）。在这种情况下，可将原资料中二级因素（母猪）去掉，仅就公猪因素做随机模型下的各处理重复数不等的单因素方差分析，进而重新估计公猪间方差组分，过程如下。

MS_A 不变，仍为 5.118

$$SS_e = SS_T - SS_A = 149.4600 - 11.0235 = 138.4365$$

$$MS_e = SS_e / (N - a) = 138.4365/(63 - 3) = 2.3073$$

由表 2-28 可知

$$E(MS_A) = n_0 \sigma_A^2 + \sigma^2, E(MS_e) = \sigma^2$$

故

$$\hat{\sigma}^2 = MS_e, \hat{\sigma}_A^2 = (MS_a - MS_e)/n_0$$

由下式计算 n_0【注意，这里的 n_0 不同于由式 (2-45) 求得的】

$$n_0 = \frac{1}{a-1}\left[\sum d_{n_i} - \frac{\sum d_{n_i^2}}{\sum d_{n_i}}\right] = \frac{1}{3-1}\left[(16 + 24 + 23) - \frac{16^2 + 24^2 + 23^2}{16 + 24 + 23}\right]$$

$$= \frac{1}{2}\left(63 - \frac{1361}{63}\right) = 20.6984$$

于是

$$\hat{\sigma}^2 = MS_e = 2.3073$$

$$\hat{\sigma}_A^2 = (MS_A - MS_e)/n_0 = (5.5118 - 2.3073)/20.6984 = 0.1548$$

使用 SPSS 对【例 2-5】进行方差组分分析。

首先运行 SPSS，SPSS 的数据格式、操作方法和统计结果见图 2-9（a）～图 2-9（f）。

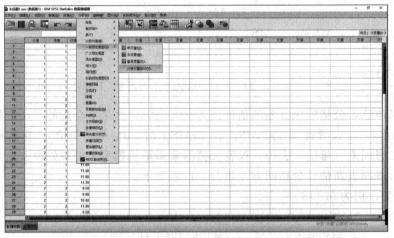

图 2-9（a） 数据格式

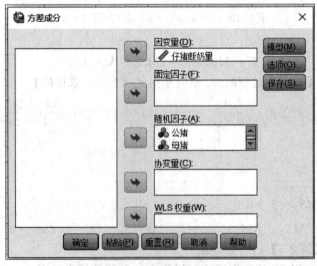

图 2-9（b） 运行方差组分分析

图 2-9（c） 选择因素和试验数据

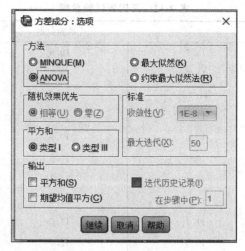

图 2-9 （d） 选择模型

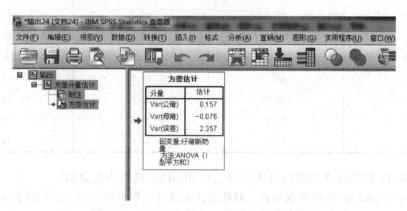

图 2-9 （e） SPSS Output 方差组分估计结果

方差估计

分量	估计
Var(公猪)	0.155
Var(误差)	2.307

图 2-9 （f） 去除 b 因素 Output 窗口的方差组分估计结果

母猪造成仔猪重的方差是 -0.76，方差应大于零，这是由于公猪造成方差 0.157 太大造成的（至少可判断母猪造成仔猪重的方差是很小的），如果不考虑母猪或母猪一样，即去除 B，则公猪造成的仔猪重变异为 0.155，很小，说明公猪的不同造成的仔猪重量变异不显著。

第六节 多因素试验资料的方差分析与 SPSS 应用

多因素试验是分析测试中经常遇到的问题，对于这种情况同样可以判断出各个搭配平均数有无差异，也可分析主效应、交互效应。现以三因素为例说明。

【例 2-7】 在某项试验中，可能影响试验结果的有 3 个因素 A、B、C。每一处理 3 次试验。A 因素有 3 个水平，B 因素有 3 个水平，C 因素有 2 个水平。试验结果见表 2-32。

表 2-32　三因素试验数据

ABC	试验数据		
111	10.7	10.8	11.3
121	10.3	10.2	10.5
131	11.2	11.6	12.0
211	11.4	11.8	11.5
221	10.2	10.9	10.5
231	10.7	10.5	10.2
311	13.6	14.1	14.5
321	12.0	11.6	11.5
331	11.1	11.0	11.5
112	10.9	12.1	11.5
122	10.5	11.1	10.3
132	12.2	11.7	11.0
212	9.8	11.3	10.9
222	12.6	7.5	9.9
232	10.8	10.2	11.5
312	10.7	11.7	12.7
322	10.2	11.5	10.9
332	11.9	11.6	12.2

首先考查 18 种搭配平均数间有无差异。使用 SPSS 进行方差分析。

首先运行 SPSS，SPSS 的数据格式、操作方法和统计结果见图 2-10（a）～图 2-10（d）。

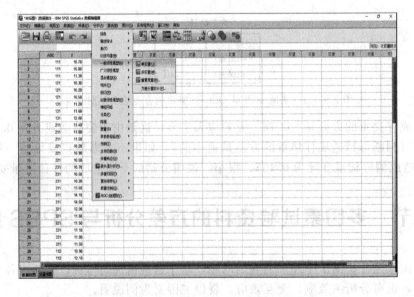

图 2-10（a）　数据格式与运行方差分析

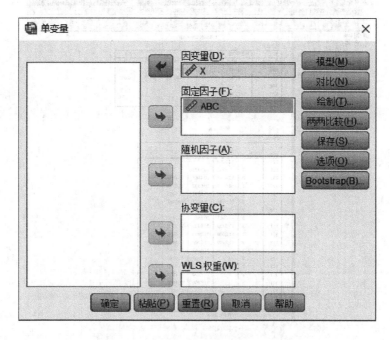

图 2-10（b） 选择处理号和试验数据

图 2-10（c） 选择平均数比较方法

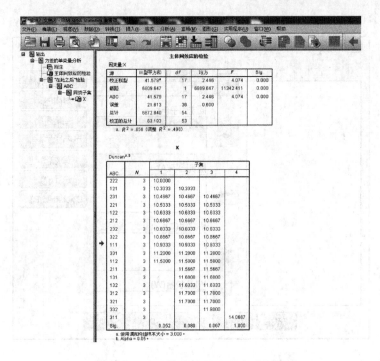

主体间效应的检验

因变量:X

源	III型平方和	df	均方	F	Sig.
校正模型	41.579a	17	2.446	4.074	0.000
截距	6809.647	1	6809.647	11342.411	0.000
ABC	41.579	17	2.446	4.074	0.000
误差	21.613	36	0.600		
总计	6872.840	54			
校正的总计	63.193	53			

a. $R^2 = .658$(调整 $R^2 = .496$)

X

Duncan a,b

ABC	N	子集 1	2	3	4
222	3	10.0000			
121	3	10.3333	10.3333		
231	3	10.4667	10.4667	10.4667	
221	3	10.5333	10.5333	10.5333	
122	3	10.6333	10.6333	10.6333	
212	3	10.6667	10.6667	10.6667	
232	3	10.8333	10.8333	10.8333	
322	3	10.8667	10.8667	10.8667	
111	3	10.9333	10.9333	10.9333	
331	3	11.2000	11.2000	11.2000	
112	3	11.5000	11.5000	11.5000	
211	3		11.5667	11.5667	
131	3		11.6000	11.6000	
132	3		11.6333	11.6333	
312	3		11.7000	11.7000	
321	3		11.7000	11.7000	
332	3			11.9000	
311	3				14.0667
Sig.		0.052	0.080	0.067	1.000

a. 使用调和平均(样本大小 = 3.000。
b. Alpha = 0.05。

图 2-10（d）　Output 窗口的方差分析结果

由图 2-10（d）方差分析表可知，搭配地不同，平均数产量极显著（Sig. $= p = 0.000 <$ 0.01）得都不一样。多重比较表比较了 18 个不同搭配平均数的差异，搭配 311 平均数最大，搭配 222 平均数最小……

下面考查主效应、交互效应 SPSS 的数据格式、操作方法和统计结果见图 2-11（a）～图 2-11（d）。

图 2-11（a）　数据格式

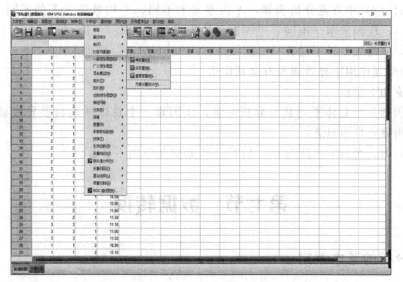

图 2-11（b） 运行方差分析

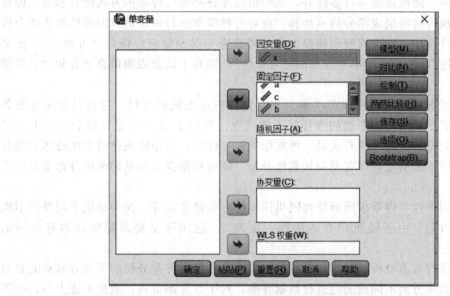

图 2-11（c） 选择处理号和试验数据

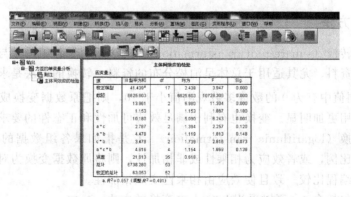

图 2-11（d） Output 窗口的方差分析结果

由图 2-11（d）中方差分析表知，A 因素水平不同，平均数极显著的不同（Sig. $=p=$ 0.000＜0.01）；B 因素水平不同，平均数极显著的不同（Sig. $=p=$0.000＜0.01）；但 C 因素水平不同，平均数差异不显著（Sig. $=p=$0.192＞0.05）。同理，$A*B$、$A*C$、$B*C$、$A*B*C$ 的交互作用不显著或没有交互作用。

统计结论如下所示：

（1）A 因素三个总体平均数差异极显著，B 因素三个总体平均数差异极显著，C 因素两个总体平均数差异不显著；

（2）A 与 B、A 与 C、B 与 C、ABC 三因素交互作用不显著。

第七节　数据转换

一、方差分析的基本假定

（1）效应的可加性　方差分析的每一次观察值都包含了总体平均数、各因素主效应、各因素间的交互效应、随机误差等许多部分，这些组成部分必须以叠加的方式综合起来，即每一个观察值都可视为这些组成部分的累加和。在对每种模型进行讨论前我们都给出了适合这种模型的线性统计模型，这个模型明确提出了处理效应与误差效应应该是"可加的"，正是由于这一"可加性"，才有了样本平方和的"可加性"，即有了试验观测值总平方和的"可部分"性。

（2）分布的正态性　即随机误差必须为相互独立的正态随机变量，这也是很重要的条件，如果它不能满足，则均方期望的推导就不能成立，采用 F 统计量进行检验也就失去了理论基础。如果只是试验材料间有关联，可能影响独立性时，可用随机化的方法破坏其关联性；如果是正态性不能满足，即误差服从其他分布，则应根据误差服从的理论分布采取适当的数据变换。

（3）方差的同质性　即要求所有处理随机误差的方差都要相等，换句话说不同处理不能影响随机误差的方差。由于随机误差的期望一定为 0，这实际是要求随机误差有共同的分布。

上述三点是进行方差分析的基本前提或基本假定。如果在方差分析前发现有异常的观测值应删除；对于总体方差不同质的应进行数据转换；对于百分率资料，数据不能太小，也不能太大，以满足正态的要求，否则就要进行数据转换。

二、数据转换方法

（1）平方根转换（square root transformation）　此法适用于各组均方与其平均数之间有某种比例关系的资料，尤其适用于总体呈泊松分布的资料。转换的方法是求出原数据的平方根 $\sqrt{x}$。若原观测值中有为 0 的数或多数观测值小于 10，则把原数据变换成 $\sqrt{x+1}$，使方差符合同质性的作用更加明显。变换也有利于满足效应可加性和正态性的要求。

（2）对数转换（logarithmic transformation）　它是指如果各组数据的标准差或全距与其平均数大体成比例，或者效应为相乘性或非相加性，则将原数据变换为对数（$\lg x$ 或 $\ln x$）后，可以使方差编程比较一致且使效应由相乘性变成相加性。

如果原数据包括有 0，可以采用 $\lg(x+1)$ 变换的方法。

一般而言，对数转换对于削弱大变数的作用要比平方根转换更强。例如，变数 1、10、100 做平方根转换是 1、3.16、10，做对数转换则是 0、1、2。

（3）反正弦转换（arcsine transformation） 反正弦转换也称角度转换，此法适用于如发病率、感染率、病死率、发芽率等服从二项分布的资料。转换的方法是求出每个原数据（用百分数或小数表示）的反正弦 $\arcsin\sqrt{p}$，转换后的数值是以度为单位的角度。二项分布的特点是其方差与平均数有函数关系。这种关系表现在，当平均数接近极端值（接近于 0 或 100%）时，方差趋向于较小；而平均数处于中间数值附近（50% 左右）时，方差趋向于较大。把数据转换成角度以后，接近于 0 和 100% 的数值变异程度变大，因此使方差较为增大，这样有利于满足方差同质性的要求。一般若资料中的百分数为 30%~70%，因资料的分布接近于正态分布，数据变换与否对分析的影响不大。若资料中的百分数小于 30% 和大于 70% 时，进行反正弦 $\arcsin\sqrt{p}$ 的数据转换。

应当注意的是，在对转换后的数据进行方差分析时，若经检验差异显著，则进行平均数的多重比较时用转换后的数据进行计算。但在解释分析最终结果时，应还原为原来的数值。

以上介绍了三种数据转换常用方法。对于一般非连续性的数据，最好在方差分析前先检查各处理平均数与相应处理内均方是否存在相关性和各处理均方间的变异是否较大。如果存在相关性，或者变异较大，则应考虑对数据进行转换。有时要确定适当的转换方法并不容易，可事先在试验中选取几个其平均数为大、中、小的处理试验作转换。能使处理平均数与其均方的相关性最小的方法就是最合适的转换方法。另外，还有一些其他的转换方法可以考虑。例如，当各处理标准差与其平均数的平方称比例时，可进行倒数转换（reciprocal transformation）；对于一些分布明显偏态的二项分布资料，进行 $x=(\arcsin\sqrt{p})^{1/2}$ 的转换，可使 x 呈良好的正态分布。

要使用 SPSS 运算时，先将数据在 Excel 里进行转换，然后复制到 SPSS 里进行方差分析。

第三章 多元回归与相关分析

多元回归分析（multiple regression analysis）是指分析一个依变量和若干个自变量之间的相关关系，是一种处理变量的统计相关关系的一种数理统计方法。许多实际问题中，影响依变量 y 的自变量往往有多个，如影响食品产品质量的因素包括加工温度、灭菌压力、灭菌时间、pH 值等。因而有必要进一步讨论 1 个依变量与多个自变量间的回归以及相关问题。本章主要介绍多元线性回归（multiple linear regression）和多元相关（multiple correlation，即复相关）等内容。

多元线性回归分析（multiple linear regression analysis）是多元回归分析中最简单而又最常用的一种分析方法，其原理与直线回归分析的原理完全相同，但是要涉及一些新概念，在计算上要复杂得多，当自变量较多时要借助于电脑进行计算。多元非线性回归（non-linear regression）和多项式回归（polynomial regression）都可以转换为多元线性回归来解决。同时在实际应用中，也经常需要研究多个变量间的相关关系，即进行多元相关分析（multiple correlation analysis）。

第一节 多元线性回归分析

一、多元线性回归方程的建立

（一）建立多元线性回归方程

设变量 x_1，x_2，$\cdots$，x_m，y 有 n 组观察数据，其中 x_1，x_2，$\cdots$，x_m 为自变量，y 为依变量，它们的线性关系为：

$$E(y)=\beta_0+\beta_1 x_1+\cdots+\beta_m x_m \tag{3-1}$$

现抽样对其进行估计，设 $E(y)=\beta_0+\beta_1 x_1+\cdots+\beta_m x_m$ 的估计是：

$$\hat{y}=b_0+b_1 x_1+b_2 x_2+\cdots+b_m x_m \tag{3-2}$$

式（3-2）称为回归方程，现只要知道 $b_i(i=0, 1, \cdots, m)$，y 与 x_1，$\cdots$，x_m 的关系就确定了。试验得 n 组实际试验数据，见表 3-1。

表 3-1 试验数据表

试验点	x_1	x_2	$\cdots$	x_m	y
1	x_{11}	x_{21}	$\cdots$	x_{m1}	y_1
2	x_{12}	x_{22}	$\cdots$	x_{m2}	y_2
$\vdots$	$\vdots$	$\vdots$	$\vdots$	$\vdots$	$\vdots$
n	x_{1n}	x_{2n}	$\cdots$	x_{mn}	y_n

由 n 组实际观测数据，根据最小二乘法的原理确定 β_1，β_2，$\cdots$，β_m 的无偏估计 b_0，b_1，

b_2，…，b_m。b_0，b_1，b_2，…，b_m 由下式确定：

$$\begin{cases} SP_{11}b_1 + SP_{12}b_2 + \cdots + SP_{1m}b_m = SP_{10} \\ SP_{21}b_1 + SP_{22}b_2 + \cdots + SP_{2m}b_m = SP_{20} \\ \quad\vdots \qquad\qquad \vdots \qquad\qquad \vdots \qquad\qquad \vdots \\ SP_{m1}b_1 + SP_{m2}b_2 + \cdots + SP_{mm}bm = SP_{m0} \end{cases} \tag{3-3}$$

$$b_0 = \overline{y} - b_1\overline{x}_1 - b_2\overline{x}_2 - \cdots - b_m\overline{x}_m$$

式中，$\overline{y} = \dfrac{1}{n}\sum\limits_{k=1}^{n}y_k, \overline{x}_i = \dfrac{1}{n}\sum\limits_{k=1}^{n}x_{ik}(i = 1,2,\cdots,m)$

$$SP_{ij} = \sum_{k=1}^{n}(x_{ik} - \overline{x}_i)(x_{jk} - \overline{x}_j) = \sum_{k=1}^{n}x_{ik}x_{jk} - \sum_{k=1}^{n}x_{ik}\sum_{k=1}^{n}x_{jk}/n$$

$$SP_{i0} = \sum_{k=1}^{n}(x_{ik} - \overline{x}_i)(y_k - \overline{y}) = \sum_{k=1}^{n}x_{ik}y_k - \sum_{k=1}^{n}x_{ik}\sum_{k=1}^{n}y_k/n \quad i,j = 1,2,\cdots,m$$

解方程组（3-3），即可得偏回归系数 b_0，b_1，b_2，…，b_m，于是得到 m 元线性回归方程

$$\hat{y} = b_0 + b_1x_1 + b_2x_2 + \cdots + b_mx_m$$

式中，b_0 称为常数项，一般很难确定其专业意义，它仅是调节回归响应面的一个参数。当 $x_1 = x_2 = \cdots = x_m = 0$ 时，$\hat{y} = b_0$，若有实际意义，b_0 表示 y 的起始值。b_1，b_2，…b_m 分别称为 y 对 x_1，x_2，…x_m 的偏回归系数（partial regression coefficient），分别表示其余 $m-1$ 个自变量都固定不变时，某一个变量变化一个单位 y 平均改变的单位数。

对于方程组（3-3），记

$$A = \begin{bmatrix} SP_{11} & SP_{12} & \cdots & SP_{1m} \\ SP_{21} & SP_{12} & \cdots & SP_{2m} \\ \vdots & \vdots & & \vdots \\ SP_{m1} & SP_{m2} & \cdots & SP_{mm} \end{bmatrix}, b = \begin{bmatrix} b_1 \\ b_2 \\ \vdots \\ b_m \end{bmatrix}, B = \begin{bmatrix} SP_{10} \\ SP_{20} \\ \vdots \\ SP_{m0} \end{bmatrix}$$

则方程组（3-3）可用矩阵形式表示为

$$\begin{bmatrix} SP_{11} & SP_{12} & \cdots & SP_{1m} \\ SP_{21} & SP_{12} & \cdots & SP_{2m} \\ \vdots & \vdots & & \vdots \\ SP_{m1} & SP_{m2} & \cdots & SP_{mm} \end{bmatrix} \begin{bmatrix} b_1 \\ b_2 \\ \vdots \\ b_m \end{bmatrix} = \begin{bmatrix} SP_{10} \\ SP_{20} \\ \vdots \\ SP_{m0} \end{bmatrix} \tag{3-4}$$

即

$$Ab = B$$

式中，A 为方程组的系数矩阵（coefficient matrix）；b 为偏回归系数列向量；B 为常数项列向量矩阵。

设系数矩阵 A 的逆矩阵（Inverse matrix）为 C 矩阵，即 $A^{-1} = C$

$$C = A^{-1} = \begin{bmatrix} SP_{11} & SP_{12} & \cdots & SP_{1m} \\ SP_{21} & SP_{12} & \cdots & SP_{2m} \\ \vdots & \vdots & & \vdots \\ SP_{m1} & SP_{m2} & \cdots & SP_{mm} \end{bmatrix}^{-1} = \begin{bmatrix} c_{11} & c_{12} & \cdots & c_{1m} \\ c_{21} & c_{12} & \cdots & c_{2m} \\ \vdots & \vdots & & \vdots \\ c_{m1} & c_{m2} & \cdots & c_{mm} \end{bmatrix}$$

式中，C 矩阵的元素 c_{ij}（$i,j = 1,2,\cdots,m$）称为高斯乘数（Gauss multiplier），是多元线性回归分析中显著性检验与进一步统计分析所需要的。

对于矩阵方程（3-4）求解，有

$$b = A^{-1}B$$
$$b = CB$$

即

$$\begin{bmatrix} b_1 \\ b_2 \\ \vdots \\ b_m \end{bmatrix} = \begin{bmatrix} c_{11} & c_{12} & \cdots & c_{1m} \\ c_{21} & c_{12} & \cdots & c_{2m} \\ \vdots & \vdots & \vdots & \vdots \\ c_{m1} & c_{m2} & \cdots & c_{mm} \end{bmatrix} \begin{bmatrix} SP_{10} \\ SP_{20} \\ \vdots \\ SP_{m0} \end{bmatrix} \tag{3-5}$$

$$b_0 = \overline{y} - b_1\overline{x}_1 - b_2\overline{x}_2 - \cdots - b_m\overline{x}_m$$

例如，设依变量 y 与自变量 x_1、x_2 间存在线性关系，共有 n 组实际观测数据，建立二元线性回归方程的步骤如下。

先根据 n 组实际观测数据计算出

$$SP_{11} = \sum(x_1 - \overline{x}_1)^2, SP_{22} = \sum(x_2 - \overline{x}_2)^2, SP_{12} = \sum(x_1 - \overline{x}_1)(x_2 - \overline{x}_2)$$
$$SP_{10} = \sum(x_1 - \overline{x}_1)(y - \overline{y}), SP_{20} = \sum(x_2 - \overline{x}_2)(y - \overline{y})$$

关于 b_1、b_2 的方程组为

$$\begin{cases} SP_{11}b_1 + SP_{12}b_2 = SP_{10} \\ SP_{21}b_1 + SP_{22}b_2 = SP_{20} \end{cases} \tag{3-6}$$

解方程组（3-6），得

$$b_1 = \frac{SP_{10}SP_{22} - SP_{12}SP_{20}}{SP_{11}SP_{22} - SP_{12}^2}$$

$$b_2 = \frac{SP_{20}SP_{11} - SP_{21}SP_{10}}{SP_{11}SP_{22} - SP_{12}^2} \tag{3-7}$$

$$b_0 = \overline{y} - b_1\overline{x}_1 - b_2\overline{x}_2$$

（二）多元线性回归方程的偏离度

以上根据最小二乘法，使偏离平方和 $\sum(y - \hat{y})^2$ 最小建立了多元线性回归方程。偏差平方和 $\sum(y - \hat{y})^2$ 的大小表示了实测点与回归平面的偏离程度，因而偏差平方和又称为离回归平方和。统计学已证明，在 m 元线性回归分析中，离回归平方和的自由度为（$n - m - 1$）。于是可求得离回归均方为 $\sum(y - \hat{y})^2/(n - m - 1)$。离回归均方的平方根称为离回归标准误，记为 $S_{y \cdot 12 \cdots m}$（或简记为 S_r），即

$$S_{y \cdot 12 \cdots m} = S_r = \sqrt{\sum(y - \hat{y})^2/(n - m - 1)} \tag{3-8}$$

离回归标准误 $S_{y \cdot 12 \cdots m}$ 的大小表示了实测点与回归平面的平均偏离程度的大小，即实测值 y 与回归平面的平均距离。

二、多元线性回归方程的假设检验

（一）多元线性回归关系的假设检验

与直线回归分析一样，在多元线性回归分析中，y 的总离差平方和 SS_y 可以剖分为回归平方和 SS_R 与离回归平方和 SS_r 两部分。即

$$SS_y = SS_R + SS_r \tag{3-9}$$

依变量 y 的总自由度 df_y 也可以剖分为回归自由度 df_R 与离回归自由度 df_r 两部分，即

$$df_y = df_R + df_r \tag{3-10}$$

式（3-9）中，$SS_y = \sum(y - \overline{y})^2$ 反映了 y 的总变异；$SS_R = \sum(\hat{y} - \overline{y})^2$ 反映了 y 与 x_1，x_2，$\cdots$，x_m 间存在线性关系所引起的变异；$SS_r = \sum(y - \hat{y})^2$ 反映了除 y 与 x_1，x_2，$\cdots$，x_m 间存在线性关系以外的其他因素（包括试验误差）所引起的变异；$df_y = n - 1$，$df_R = m$，$df_r = n - m - 1$。

式（3-9）和式（3-10）两式称为多元线性回归平方和与自由度分解式。然而，直接计算回归平方和较麻烦，统计学已证明 SS_R 可由式（3-11）计算。

$$SS_R = b_1 SP_{1y} + b_2 SP_{2y} + \cdots + b_m SP_{my} \tag{3-11}$$

于是，由式（3-11）可以计算出 SS_r，即 $SS_r = SS_y - SS_R$

综上所述，多元线性回归分析中各项平方和与自由度的计算公式可归纳如下。

总变异 $\qquad\qquad\qquad df_y = n - 1$

总归平方 $SS_y = \sum(y - \overline{y})^2 = \sum y^2 - (\sum y)^2/n$ 和 $SS_R = b_1 SP_{1y} + b_2 SP_{2y} + \cdots + b_m SP_{my}$ $\qquad df_R = m$

离回归平方和：$SS_r = SS_y - SS_R$ $\qquad df_r = n - m - 1$

若依变量 y 与各自变量 x_1，x_2，$\cdots$，x_m 间无线性关系，则模型式（3-1）中的一次项系数 β_1，β_2，$\cdots$，β_m 均为 0。因此，检验 y 与 x_1，x_2，$\cdots$，x_m 间是否存在线性关系，也就是检验回归方程（3-2）是否有意义，即检验假设 $H_0：\beta_1 = \beta_2 = \cdots = \beta_m = 0$ 是否成立。此时采用 F 检验，即

$$F = \frac{MS_R}{MS_r}(df_1 = df_R, df_2 = df_r) \tag{3-12}$$

式中，$MS_R = SS_R/df_R = SS_4/m$，称为回归均方；$MS_r = SS_r/df_r = SS_r/(n - m - 1)$ 称为离回归均方。

离回归均方的平方根叫离回归标准误，公式如下：

$$S_{y \cdot 12m} = S_e = \sqrt{MS_r} = \sqrt{\sum(y - \hat{y})^2/(n - m - 1)} \tag{3-13}$$

由上述统计量进行 F 检验即可推断多元线性回归关系的显著性。

这里特别要说明的是，上述显著性检验实质上是测定各自变量对依变量的综合线性影响的显著性，或者说是测定依变量与各自变量的综合线性关系的显著性。如果经过 F 检验，多元线性回归的关系或者说多元线性回归方程是显著的，则不一定每一个自变量与依变量的线性关系都是显著的，或者说每一个偏回归系数不一定都是显著的，这并不排斥其中存在着与依变量无线性关系的自变量的可能性。在上述多元线性回归关系显著性检验中，无法区别全部自变量中哪些对依变量的线性影响是显著的，哪些是不显著的。因此，当多元线性回归关系经显著检验为显著时，还必须逐一对各偏回归系数进行显著性检验，发现和剔除不显著的偏回归系数对应的自变量。另外，多元线性回归关系显著并不排斥有更合理的多元线性回归方程的存在，这正如直线回归显著并不排斥有更合理的曲线回归方程存在一样。

（二）偏回归系数的显著性检验

上述多元线性回归关系的假设检验只是一个综合性的检验，F 值显著并不意味着每个自变量对 y 的影响都是重要的。因此，还有必要对每一个自变量进行考查，即对每个偏回归系数进行检验。

如果某一自变量 x_i 对 y 的线性影响不显著，则在回归模型式中的偏回归系数 β_i 应为 0。故检验某一自变量 x_i 对 y 的线性影响是否显著相当于检验假设 $H_0：\beta_i = 0$（$i = 1$，2，

3，…，m）是否成立。

1. t 检验

$$t_{b_i} = \frac{b_i}{s_{b_i}}, df = n - m - 1(i = 1, 2, \cdots, m) \quad\quad\quad (3-14)$$

式中，$s_{b_i} = S_{y,1,2,\cdots,m} \cdot \sqrt{c_{ij}}$ 为偏回归系数标准误，$S_{y,1,2,\cdots,m} = \sqrt{MS_r}$ 为离回归标准误。$S_r = \sqrt{\dfrac{\sum(y - \hat{y})^2}{n - m - 1}} = \sqrt{MS_r}$ 为离回归标准误差；c_{ii} 为 $\boldsymbol{C} = \boldsymbol{A}^{-1}$ 的主对角线元素。

2. F 检验

在包含有 m 个自变量的多元线性回归分析中，m 越大，回归平方和 SS_R 必然越大。如果取消一个自变量 x_i，则回归平方和将减少 SS_{R_i}，而

$$SS_{R_i} = \frac{b_i^2}{c_{ii}} \quad\quad\quad (3-15)$$

SS_{R_i} 的大小表示了对影响程度的大小，称为偏回归平方和。偏回归自由度为 1，因而从数值上讲也等于偏回归均方。故由

$$F_i = \frac{b_i^2 / c_{ij}}{MS_r}, [df_1 = 1, df_2 = n - m - 1(i = 1, 2, \cdots, m)] \quad\quad\quad (3-16)$$

可对各偏回归系数的显著性进行检验。

（三）自变量剔除与重新建立多元线性回归方程

当对显著的多元线性回归方程中各个偏回归系数进行显著性检验都为显著时，说明各个自变量对依变量的单纯影响都是显著的；当有一个或几个偏回归系数经显著性检验为不显著时，说明其对应的自变量对依变量的单纯影响不显著，或者说这些自变量在回归方程中是不重要的，此时可以从回归方程中剔除一个不显著的偏回归系数对应的自变量，重新建立少一个自变量的多元线性回归方程，再对新的多元线性回归方程或多元线性回归关系以及各个新的偏回归系数进行显著性检验，直至多元线性回归方程显著，并且各个偏回归系数都显著为止。此时的多元线性回归方程即为最优多元线性回归方程。

1. 自变量的剔除

当经显著性检验有几个不显著的偏回归系数时，我们一次只能剔除一个不显著的偏回归系数对应的自变量，被剔除的自变量的偏回归系数应该是所有不显著的偏回归系数中 F 值（或 $|t|$ 值，或偏回归平方和）最小者。这是因为自变量之间往往存在着相关性，当剔除某一个不显著的自变量之后，其对依变量的影响很大一部分可以转加到另外不显著的自变量对依变量的影响上。如果同时剔除两个以上不显著的自变量，那就会比较多地减少回归平方和，从而影响利用回归方程进行估测的可靠程度。

2. 重新建立少一个自变量的多元线性回归分析

一次剔除一个不显著的偏回归系数对应的自变量，不能简单地理解为只需把被剔除的自变量从多元线性回归方程中去掉就行了。这是因为自变量间往往存在相关性，剔除一个自变量，其余自变量的偏回归系数的数值将发生变化，因此回归方程的显著性检验、偏回归系数的显著性检验也都需重新进行，也就是说应该重新进行少一个自变量的多元线性回归分析。

设依变量 y 与自变量 x_1，x_2，…，x_m 的 m 元线性回归方程为

$$\hat{y} = b_0 + b_1 x_1 + b_2 x_2 + \cdots + b_m x_m$$

如果自变量 x_i 被剔除，则 $m - 1$ 元线性回归方程为

$$\hat{y} = b_0' + b_1' + \cdots + b_{i-1}'x_{i-1} + b_{i+1}'x_{i+1} + \cdots + b_m'x_m \tag{3-17}$$

在重新建立 $m-1$ 元线性回归方程之后，仍需对 $m-1$ 元线性回归关系和偏回归系数 b_j' 进行显著性检验，方法同前。重复上述步骤，直至回归方程显著以及各偏回归系数都显著为止，即建立了最优多元线性回归方程。

三、多元线性回归的估计区间

在多元线性回归分析中，建立了依变量 y 对 m 个自变量 x_1，x_2，$\cdots$，x_m 的最优多元线性回归方程之后，除了判断各个自变量对依变量的影响主次之外，在实际应用中，经常需要对依变量 y 进行区间估计（interval estimate），以便对依变量 y 进行预测和控制。对于给定的 m 个自变量在试验范围内的一组值 $(x_{10}$，x_{20}，$\cdots$，$x_{m0})$，由回归方程算得的依变量 y 的回归估计值 $\bar{y}_0$，实际上是依变量 y 在 $(x_{10}$，x_{20}，$\cdots$，$x_{m0})$ 处的总体平均数 $\mu_{y/12\cdots m}$ 的点估计（point estimate），也是依变量 y 在 $(x_{10}$，x_{20}，$\cdots$，$x_{m0})$ 处的单个值 y_0 的点估计。多元线性回归的区间估计，主要是在 $(x_{10}$，x_{20}，$\cdots$，$x_{m0})$ 处对依变量 y 的总体平均数 $\mu_{y/12\cdots m}$ 以及依变量 y 的单个值 y_0 进行区间估计。

（一）依变量 y 总体平均数 $\mu_{y/12\cdots m}$ 的区间估计

设在 $(x_{10}$，x_{20}，$\cdots$，$x_{m0})$ 处的依变量 y 总体平均数 $\mu_{y/12\cdots m} = Y_0$，则可以证明

$$(Y_0 - \hat{y}_0) \sim N\left\{0, \hat{\sigma}^2\left[\frac{1}{n} + \sum_{i=1}^{m}\sum_{j=1}^{m}c_{ij}(x_{i0} - \bar{x}_i)(x_{j0} - \bar{x}_j)\right]\right\}$$

并且

$$\frac{Y_0 - \hat{y}_0}{\sigma\sqrt{\frac{1}{n} + \sum_{i=1}^{m}\sum_{j=1}^{m}c_{ij}(x_{i0} - \bar{x}_i)(x_{j0} - \bar{x}_j)}} \sim t(df = n - m - 1)$$

式中，c_{ij} 为高斯乘数；$\hat{\sigma}$ 为 σ 的估计值，$\hat{\sigma} = \sqrt{\dfrac{\sum(y - \hat{y})^2}{n - m - 1}} = \sqrt{MS_r} = S_r$。

于是，依变量 y 在 $(x_{10}$，x_{20}，$\cdots$，$x_{m0})$ 处的总体平均数 $\mu_{y/12\cdots m}$ 的置信度为 $(1-\alpha) \times 100\%$ 的置信区间 （confidence interval）为

$$\hat{y}_0 \pm t_\alpha(n - m - 1)S_r\sqrt{\frac{1}{n} + \sum_{i=1}^{m}\sum_{j=1}^{m}c_{ij}(x_{i0} - \bar{x}_i)(x_{i0} - \bar{x}_j)} \tag{3-18}$$

（二）依变量 y 单个值 y_0 的区间估计

可以证明：$(y_0 - \hat{y}_0) \sim N\left\{0, \sigma^2\left[1 + \frac{1}{n} + \sum_{i=1}^{m}\sum_{j=1}^{m}c_{ij}(x_{i0} - \bar{x}_i)(x_{j0} - \bar{x}_j)\right]\right\}$ 并且

$$\frac{y_0 - \hat{y}_0}{\hat{\sigma}\sqrt{1 + \frac{1}{n} + \sum_{i=1}^{m}\sum_{j=1}^{m}c_{ij}(x_{i0} - \bar{x}_i)(x_{j0} - \bar{x}_j)}} \sim t(df = n - m - 1)$$

式中，c_{ij}、$\hat{\sigma}$ 意义同上。于是，依变量 y 单个值 y_0 的置信度为 $(1-\alpha) \times 100\%$ 的置信区间为

$$\hat{y}_0 \pm t_\alpha(n - m - 1)S_r\sqrt{1 + \frac{1}{n} + \sum_{i=1}^{m}\sum_{j=1}^{m}c_{ij}(x_{i0} - \bar{x}_i)(x_{j0} - \bar{x}_j)} \tag{3-19}$$

四、最优回归方程的选择

所谓最优回归方程是指在多元线性回归分析中，包含所有对 y 影响显著的自变量、不包含对 y 影响不显著的自变量的回归方程。选择最优回归方程常用的方法有以下两种。

(一) 逐个剔除法

从包含全部自变量的回归方程中逐个剔除不显著的自变量，直到只包含对 y 影响显著的自变量为止。

(二) 逐步回归法

逐步回归 (stepwise regression) 法，即逐步回归分析。它是首先对偏相关系数最大的变量作回归系数显著性检验，以决定该变量是否进入回归方程；然后对方程中每个变量作为最后选入方程的变量求出偏 F 值，对偏 F 值最小的那个变量做偏 F 检验，决定它是否留在回归方程中。重复此过程，直至没有变量被引入，也没有变量可剔除为止。这样，应用逐步回归法时，既有引入变量，也有剔除变量，原来被剔除的变量在后面又可能被引入到回归方程中。这是应用较为广泛的一种多元回归方法。

【例 3-1】 对 39 头贵州成年水牛体重 y (kg)、胸围 x_1 (cm)、体长 x_2 (cm) 和体高 x_3 (cm) 进行测定，试验数据如表 3-2 所示，试建立三元线性回归方程。

表 3-2　贵州成年水牛体重、胸围、体长和体高测定结果

胸围 x_1	体长 x_2	体高 x_3	体重 y
194	146	122.1	443.5
200	150	123.5	507.5
194	150	126.5	462.5
211	153	134.5	514
205	153	129.5	471.5
204	153	125.5	545
215	154	133.0	540.5
207	142	128.5	536
201	153	128.7	468
199	160	127.5	550.5
200	149	123.5	492
210	160	138.6	583
194	140	124.0	442.5
190	147	121.0	439.5
203	148	129.0	477.5
194	135	118.0	450
190	135	122.0	466
190	138.5	124.0	480
185	140	119.5	422
183	130	114.0	413.5
193	145	123.5	471
188	133	119.0	414.5
179	140	119.0	410
193	140	116.0	428.5
190	155	120.5	468
195.5	150	129.5	517.5

胸围 x_1	体长 x_2	体高 x_3	体重 y
207.5	160	128.5	578
211	150	132.5	620
203	137	130.0	481
220	165	142.2	702
197	142	124.0	420
194	149	122.0	491
198	150	131.5	515
200	135	128.0	483
197	153	124.0	505
192	144	119.5	465
185	154	119.5	460
187	151	123.0	404
194	152	120.0	486

第一步：建立四元线性回归方程，经过整理计算，得如下数据：

$\bar{x}_1=197.2564, \bar{x}_2=147.2179, \bar{x}_3=125.2589, \bar{y}=488.0641, n=39$

$$SS_1=\sum x_1^2-\frac{(x_1)^2}{39}=3152.9359$$

$$SS_2=\sum x_2^2-\frac{(x_2)^2}{39}=2615.3974$$

$$SS_3=\sum x_3^2-\frac{(x_3)^2}{39}=1384.5344$$

$$SP_{12}=\sum x_1x_2-\frac{\sum x_1\sum x_2}{39}=1601.3205$$

$$SP_{13}=\sum x_1x_3-\frac{\sum x_1\sum x_3}{39}=1813.8103$$

$$SP_{23}=\sum x_2x_3-\frac{\sum x_2\sum x_3}{39}=1138.2987$$

$SP_{1y}=17598.1090 \quad SP_{2y}=12920.4551$

$SP_{3y}=11192.9526 \quad SS_y=144110.090$

将上述有关数据带入式，得到关于偏回归系数 b_1、b_2、b_3 的正规方程组：

$$\begin{cases} 3152.9359b_1+1601.3205b_2+1813.810b_3=17598.1090 \\ 1601.3205b_1+2615.3974b_2+1138.2987b_3=12920.4551 \\ 1813.8103b_1+1138.2987b_2+1384.5344b_3=11192.9526 \end{cases}$$

利用线性代数有关方法求得系数矩阵的逆矩阵如下：

$$C=A^{-1}=\begin{bmatrix} 3152.9359 & 1601.3205 & 1813.810 \\ 1601.3205 & 2615.3974 & 1138.2987 \\ 1813.8100 & 1138.2987 & 1384.5344 \end{bmatrix}^{-1}$$

$$=\begin{bmatrix} 0.0012995 & -0.0000852 & -0.0016324 \\ -0.0000852 & 0.0006010 & -0.0003825 \\ -0.0016324 & -0.0003825 & 0.0031752 \end{bmatrix}=\begin{bmatrix} c_{11} & c_{12} & c_{13} \\ c_{21} & c_{22} & c_{23} \\ c_{31} & c_{32} & c_{33} \end{bmatrix}$$

关于 b_1、b_2、b_3 的解可表示为

$$\begin{bmatrix} b_1 \\ b_2 \\ b_3 \end{bmatrix} = \begin{bmatrix} c_{11} & c_{12} & c_{13} \\ c_{21} & c_{22} & c_{23} \\ c_{31} & c_{32} & c_{33} \end{bmatrix} \begin{bmatrix} SP_{1y} \\ SP_{2y} \\ SP_{3y} \end{bmatrix}$$

$$\begin{bmatrix} b_1 \\ b_2 \\ \vdots \\ b_m \end{bmatrix} = \begin{bmatrix} c_{11} & c_{12} & \cdots & c_{1m} \\ c_{21} & c_{12} & \cdots & c_{2m} \\ \vdots & \vdots & \vdots & \vdots \\ c_{m1} & c_{m2} & \cdots & c_{mm} \end{bmatrix} \begin{bmatrix} SP_{10} \\ SP_{20} \\ \vdots \\ SP_{m0} \end{bmatrix}$$

即

$$\begin{bmatrix} b_1 \\ b_2 \\ b_3 \end{bmatrix} = \begin{bmatrix} 0.0012995 & -0.0000852 & -0.0016324 \\ -0.0016324 & 0.0006010 & -0.0003825 \\ -0.0016324 & -0.0003825 & 0.0031752 \end{bmatrix} \begin{bmatrix} 175980.109 \\ 12920.4557 \\ 11192.953 \end{bmatrix} = \begin{bmatrix} 3.496983 \\ 1.984559 \\ 1.871436 \end{bmatrix}$$

而

$$b_0 = \overline{y} - b_1 \overline{x}_1 - b_2 \overline{x}_2 - b_3 \overline{x}_3 = -728.315$$

于是，贵阳成年水牛体重与胸围、体长、体高的三元线性回归方程为

$$\hat{y} = -728.315 + 3.496983 x_1 + 1.984559 x_2 + 1.871436 x_3$$

$SS_R = b_1 SP_{1y} + b_2 SP_{2y} + b_3 SP_{3y}$

$\quad = 3.496983 \times (17598.109) + 1.984559 \times 12920.455 + 1.871436 \times 11192.953$

$\quad = 108128.6$

$$SS_r = SS_y - SS_R = 144110.09 - 108128.6 = 35981.5$$

$$SS_{b1} = \frac{b_1^2}{c_{11}} = \frac{3.496983^2}{0.0012955} = 9439.514$$

$$SS_{b2} = \frac{b_2^2}{c_{22}} = \frac{1.984559^2}{0.00060098376} = 6553.379$$

$$SS_{b3} = \frac{b_3^2}{c_{33}} = \frac{1.871436^2}{0.0031752187} = 1103.002$$

计算自由度

$$df_y = n - 1 = 39 - 1 = 38 \quad df_R = m = 3 \quad df_r = n - m - 1 = 39 - 3 - 1 = 35$$

表 3-3　三元线性回归关系方差分析表

变异来源	df	SS	MS	F	显著性
回归	3	108128.6	36042.86	35.05969	**
离回归	35	35981.5	1028.043	9.1824	
对 x_1 的偏回归	1	9439.514	9439.514	6.375	**
对 x_2 的偏回归	1	6553.379	6553.379	1.073	**
对 x_3 的偏回归	1	1103.002	1103.002		
总计	38	144110.1			

在表 3-3 中，三元线性回归关系极显著，y 对 x_1、x_2 的偏回归极显著，但对 x_3 的偏回归不显著，所以应剔除 x_3，再做第二步分析。

第二步：进行二元线性回归分析。将 **A** 矩阵中的第 4 行和第 4 列划去，把 **b** 矩阵（列向量）中的偏回归系数 b_4 划去，把 **B** 矩阵（列向量）中第 4 行划去，可得到二元线性回归方差分析表，如表 3-4 所示。

表 3-4 二元线性回归关系方差分析表

变异来源	df	SS	MS	F	显著性
回归	2	107025.6	53512.8	51.94787	**
离回归	36	37084.5	1030.125		
对 x_1 的偏回归	1	43195.01	43195.01	41.9318	**
对 x_2 的偏回归	1	8801.762	8801.762	8.54436	**
总计	38	144110.1			

由 $df_1=1$，$df_2=36$ 查临界 F 值，得 $F_{0.01(1,36)}=7.179$，因为 F_{b1}、F_{b2} 均大于 $F_{0.01(1,36)}$，表明二元线性回归方程的偏回归系数 x_1 和 x_2 都是极显著的，或者说明胸围 b_1、体长 b_2 分别对体重 y 的线性影响都是极显著的。

于是我们得到最优的二元线性回归方程为：

$$\hat{y}=-717.484+4.488x_1+2.174x_2$$

通过回归关系可知，水牛的体重量与胸围、体长有着极显著的线性回归关系。当胸围性状保持不变时，体长每增加 1cm，体重平均增加 2.21kg；而当体长形状保持不变时，胸围每增加 1cm，体重平均增加 4.45kg。

该回归方程的离回归标准误为

$$S_{y\cdot 12}=\sqrt{MS_r}=\sqrt{1030.125}=32.096$$

第二节 多元线性回归与 SPSS 应用

使用 SPSS 对【例 3-1】进行多元线性回归分析。

首先运行 SPSS，SPSS 的数据格式、操作方法和统计结果见图 3-1（a）～图 3-2（d）。

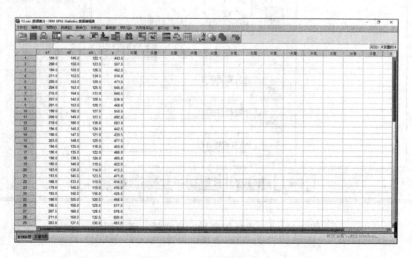

图 3-1（a） 试验数据格式

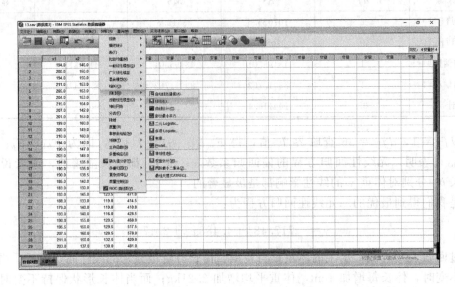

图 3-1 (b) 运行线性回归

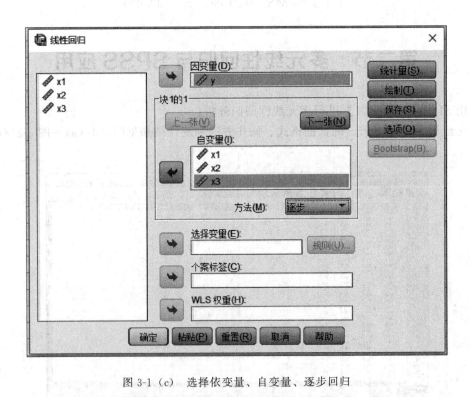

图 3-1 (c) 选择依变量、自变量、逐步回归

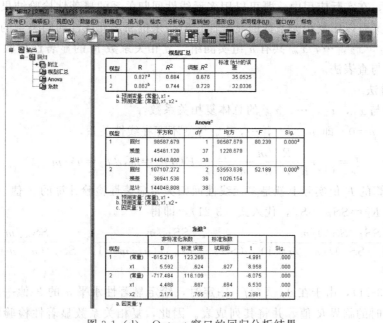

图 3-1（d）　Output 窗口的回归分析结果

第三节　复相关分析

一、复相关系数的意义与计算

复相关（multiple correlation）或多元相关，是指一个变量和另一组变量的相关。从相关关系的性质来看，多元相关并无自变量和依变量之分，但在实践中，常用来表述依变量 y 与多个（m 个）自变量的总相关，并作为回归显著性的一个指标。

在多元线性回归分析中，

$$SS_y = SS_R + SS_r \Rightarrow \frac{SS_R}{SS_y} + \frac{SS_r}{SS_y} = 1 \tag{3-20}$$

定义：$R^2 = SS_R / SS_y$ 为 x_1，x_2，…，x_m 与 y 的相关指数，

$$R = \sqrt{SS_R / SS_y}$$

称为 x_1，x_2，…，x_m 与 y 的复相关系数。

SS_R / SS_y 的意义是 m 个自变量对因变量的回归平方和 SS_R 占因变量 y 的总平方和 SS_y 的比率越大，则表明因变量 y 和 m 个自变量的线性联系越密切，或者表明变量 y 与 m 个自变量的线性相关越密切。因此，R 越大，说明自变量对 y 影响越大，复相关系数能够更直观、简便地说明线性回归方程拟合好坏的程度。

复相关系数的取值范围为：$0 \leqslant R \leqslant 1$。在自由度一定时，$R$ 越接近于 1，表明 y 与 x_1，x_2，…，x_m 的线性关系越密切；R 越接近于 0，自变量对依变量影响越小或不影响。

二、复相关系数的显著性检验

复相关系数的显著性检验也就是对 y 与 x_1，x_2，…，x_m 的线性关系密切程度的显著

性检验，因此，在实际应用中，既可以用多元线性回归关系的显著性检验结果推断复相关系数的显著性，又可以用复相关系数的显著性检验结果推断多元线性回归关系的显著性。

设 y 与 x_1，x_2，$\cdots$，x_m 共有 n 组实测组，复相关系数 R 的显著性检验有以下两种方法：F 检验法与查表法。

1. F 检验法

设 ρ 为 y 与 x_1，x_2，$\cdots$，x_m 的总体复相关系数，

假设 H_0：$\rho=0$，即 x_1，x_2，$\cdots$，x_m 与 y 不存在线性关系，

$$F=\frac{R^2/m}{(1-R^2)/(n-m-1)}\sim F(df_1=m,df_2=n-m-1) \qquad (3\text{-}21)$$

式（3-21）计算的 F 值实际上就是多元线性回归关系显著性检验计算的 F 值。

这是因为 $R^2=SS_R/SS_y$，代入式（3-21），即得

$$F=\frac{(SS_R/SS_y)/m}{(1-SS_R/SS_y)/(n-m-1)}=\frac{SS_R/m}{(SS_y-SS_R)/(n-m-1)}=\frac{SS_R/m}{SS_r/(n-m-1)}=\frac{MS_R}{MS_r}$$

2. 查表法

对于式（3-21），由于在 df_1、df_2 一定时，给定显著性水平 α 的 F 值一定，可求得显著性水平为 α 时的临界 R 值，并将其列成表。因此，复相关系数显著性检验可用简便的查表法进行。

由 $df=n-M=n-m-1$ 及变量的总个数 $M=m+1$ 查附表1 "r 与 R 的临界值表" 得 $R_{0.05}$、$R_{0.01}$ 比较，将 R 与 $R_{0.05}$、$R_{0.01}$ 比较：若 $R<R_{0.05}$，$P>0.05$，则 R 为不显著；若 $R_{0.05}\leqslant R<R_{0.01}$，$0.01<P\leqslant0.05$，则 R 为显著；若 $R\geqslant R_{0.01}$，$P\leqslant0.01$，则 R 为极显著。

第四节　相关与偏相关分析

一、相关系数

（一）相关系数的意义与计算

在多个变量间的相关关系研究中，衡量两个变量间关系的量，称为相关系数（correlation coefficient）（或称零、线性、简单相关系数），记作 r_{ij}。

两个变量，其中一个变化可能引起另一个变化，另一个变化在其总变化中所占的百分比称为相关系数。因此，相关系数能够直观地说明两个变量间的关系。

设 m 个变量 x_1，x_2，$\cdots$，x_m，它们的不同样本点是 $(x_{1i}$，x_{2i}，$\cdots$，$x_{mi})$（$i=1$，$\cdots$，n，见表 3-5。

表 3-5　试验数据表

样本点	x_1	$\cdots$	x_m
1	x_{11}	$\cdots$	x_{m1}
2	x_{12}	$\cdots$	x_{m2}
$\vdots$	$\vdots$	$\vdots$	$\vdots$
n	x_{1n}	$\cdots$	x_{mn}

x_i、x_j 的相关系数的估计为

$$r_{ij} = \frac{SP_{ij}}{\sqrt{SS_i SS_j}}, i,j=1,2,\cdots,m \qquad (3\text{-}22)$$

式中，$SP_{ij}=\sum(x_i-\overline{x}_i)(x_j-\overline{x}_j)$，$SS_i=\sum(x_i-\overline{x}_i)^2$，$SS_j=\sum(x_j-\overline{x}_j)^2$。

相关系数的性质：① $-1 \leqslant r_{ij} \leqslant 1$；② r_{ij} 无量纲；③ $|r_{ij}| \rightarrow 1$ 表明 x_i 与 x_j 线性关系越强；④ $|r_{ij}| \rightarrow 0$ 说明 x_i 与 x_j 线性关系越弱，或者不存在线性关系。

由相关系数 r_{ij} 组成相关系数矩阵 $\boldsymbol{R}$ 为

$$\boldsymbol{R} = \begin{bmatrix} r_{11} & r_{12} & \cdots & r_{1m} \\ r_{21} & r_{22} & \cdots & r_{2m} \\ \vdots & \vdots & & \vdots \\ r_{m1} & r_{m2} & \cdots & r_{mm} \end{bmatrix} \qquad (3\text{-}23)$$

相关系数矩阵 $\boldsymbol{R}$ 的逆矩阵 $\boldsymbol{C}$

$$\boldsymbol{C} = \boldsymbol{R}^{-1} = \begin{bmatrix} c_{11} & c_{12} & \cdots & c_{1m} \\ c_{21} & c_{22} & \cdots & c_{2m} \\ \vdots & \vdots & & \vdots \\ c_{m1} & c_{m2} & \cdots & c_{mm} \end{bmatrix} \qquad (3\text{-}24)$$

(二) 相关系数的显著性检验

1. t 检验

计算公式为

$$t = \frac{r_{ij}}{\sqrt{(1-r_{ij}^2)/(n-2)}}, df=n-2$$

显著性 Sig. $=p$，如果 $p \leqslant 0.05$，x_i 与 x_j 线性关系显著；$p \leqslant 0.01$，x_i 与 x_j 线性关系达极显著；$p > 0.05$，x_i 与 x_j 线性关系不显著或不存在线性关系。

2. 查表法

$df=n-2$，变量总个数 $M=2$，查附录 1 "r 与 R 的临界值表" 的界值，若 $|r| \geqslant$ 界值，x_i 与 x_j 变量间线性关系显著，否则不显著。

二、偏相关系数的意义与计算

(一) 偏相关系数的意义

在研究多个变量之间的相互关系时，由于变量间常常是相互影响的，像两个变量间的简单相关（直线相关）系数往往不能正确反映两个变量间的真正关系，有时甚至是假象。只有在排除其他变量影响的情况下，计算它们之间的偏相关系数（partial correlation coefficient），才能真实地揭示它们之间的内在联系。

偏相关系数和偏回归系数的意义相似，偏回归系数是在其他 $m-1$ 个自变量都保持一定时，指定的某一自变量对依变量 y 线性影响的效应；偏相关系数则表示在其他 $M-2$ 个变量都保持一定时，指定的两个变量间相关的密切程度和性质。偏相关系数的取值范围与简单相关系数取值范围一样，也是 $[-1, 1]$。

(二) 偏相关系数的计算方法

设 m 个变量 $(x_{1i}, \cdots, x_{mi})$，$i=1, \cdots, n$，见表 3-6。

表 3-6 试验数据表

样本点	x_1	...	x_m
1	x_{11}	...	x_{m1}
2	x_{12}	...	x_{m2}
⋮	⋮		⋮
n	x_{1n}	...	x_{mn}

$$r_{ij} = \frac{-c_{ij}}{\sqrt{c_{ii}c_{jj}}}, \quad i,j = 1,2,\cdots,m, i \neq j \tag{3-25}$$

式中，c_{ij} 为相关矩阵 $\boldsymbol{R}$ 的逆矩阵 $\boldsymbol{C}$ 的对应元素。

三、偏相关系数的显著性检验

偏相关系数的显著性检验的原理与简单相关系数的显著性检验相同。

1. t 检验法

t 检验公式为

$$t_{ij\cdot} = \frac{r_{ij\cdot}}{S_{ij\cdot}} = \frac{r_{ij\cdot}}{\sqrt{(1-r_{ij\cdot}^2)/(n-m)}}, \quad df = n-m \tag{3-26}$$

式中，$S_{ij\cdot} = \sqrt{\dfrac{1-r_{ij\cdot}^2}{n-m}}$ 为偏相关系数标准误（standard error of partial correlation co-efficient）；n 为观测数据组数；m 为相关变量总个数。

2. 查表法

由 $df = n-m$ 及变量总个数 $M=2$，查附表 1 "r 与 R 的临界值表"，得界值 $r_{0.05}$ 与 $r_{0.01}$。偏相关系数的绝对值 $|r_{ij\cdot}| \geqslant$ 界值时，偏相关关系显著；否则不显著。

【例 3-2】 测定 15 块地的某一杂交水稻的有效穗数（x_1，万/700m²）、每穗粒数（x_2）、产量（y，kg）结果列于表 3-7，试对其进行相关分析。

表 3-7 杂交水稻的穗数（x_1）、每穗粒数（x_2）和产量（y）的观测值

穗数 x_1	每穗粒数 x_2	产量 y
18.5	132.0	668
18.3	132.0	640
17.2	127.8	597
19.9	110.3	581
19.8	114.5	607
18.8	122.5	618
22.3	114.7	663
21.2	98.1	551
17.9	115.4	544
18.9	129.0	641
20.2	102.4	521
20.8	108.1	573
21.4	113.7	608
21.3	110.9	583
18.0	128.1	576

由资料计算直线相关系数 r_{y1}、r_{y2} 和 r_{12}。

$$r_{y1} = \frac{SP_{1y}}{\sqrt{SS_1 \cdot SS_y}} = \frac{-35.03}{\sqrt{33.1333 \times 25996.9334}} = -0.0377$$

$$r_{y2} = \frac{SP_{2y}}{\sqrt{SS_2 \cdot SS_y}} = \frac{4372.5}{\sqrt{1619.42 \times 25996.9334}} = 0.6739$$

$$r_{12} = \frac{SP_{12}}{\sqrt{SS_1 \cdot SS_2}} = \frac{-164.62}{\sqrt{33.1333 \times 1619.42}} = -0.7107$$

得到相关矩阵 $\boldsymbol{R}$ 及相关矩阵的逆矩阵 $\boldsymbol{R}^{-1}$

$$\boldsymbol{R}^{-1} = \begin{bmatrix} 1 & -0.7107 & -0.0377 \\ -0.7107 & 1 & 0.6739 \\ -0.0377 & 0.6739 & 1 \end{bmatrix}^{-1} = \begin{bmatrix} 7.2211 & 9.0643 & -5.8362 \\ 9.0643 & 13.2101 & -8.5606 \\ -5.8362 & -8.5606 & 6.5489 \end{bmatrix}$$

下面进行相关分析。

（1）复相关系数

$$R = \sqrt{1 - |R|/|R_{yy}|}$$

$$= \sqrt{1 - \begin{vmatrix} 1 & -0.7107 & -0.0377 \\ -0.7107 & 1 & 0.6739 \\ -0.0377 & 0.6739 & 1 \end{vmatrix} \Big/ \begin{vmatrix} 1 & -0.7107 \\ -0.7107 & 1 \end{vmatrix}} = 0.9205$$

说明复相关系数也可按此公式计算。

（2）偏相关系数

$$r_{y1 \cdot} = \frac{-c_{1y}}{\sqrt{c_{11}c_{yy}}} = \frac{-5.8362}{\sqrt{7.2211 \times 6.5489}} = -0.8487$$

$$r_{12 \cdot} = \frac{-c_{12}}{\sqrt{c_{11}c_{22}}} = \frac{-9.0643}{\sqrt{7.2211 \times 13.2101}} = 0.9281$$

$$r_{y2 \cdot} = \frac{-c_{2y}}{\sqrt{c_{22}c_{yy}}} = \frac{-8.5605}{\sqrt{13.2101 \times 6.5489}} = -0.9204$$

从相关系数可以看出以下几点。

（1）复相关系数是 0.92^{**} [$r_{0.01}(12,3) = 0.732$]，x_1、x_2、y 之间存在极显著的线性关系。

（2）相关系数 $r_{12} = -0.71^{**}$，穗数 x_1 增大，每穗粒数 x_2 极显著减少；$r_{2y} = 0.67^{**}$，每穗粒数 x_2 增大，产量 y 极显著增大；$r_{1y} = -0.04$，穗数 x_1 变化对产量 y 影响不显著，有减小的趋势。

（3）偏相关系数 $r_{12 \cdot} = -0.93^{**}$，当产量 y 保持不变时，穗数 x_1 增大，每穗粒数 x_2 极显著减小；$r_{y2 \cdot} = 0.92^{**}$，当穗数 x_1 保持不变时，每穗粒数 x_2 增大，产量 y 极显著增大；$r_{y1 \cdot} = 0.85^{**}$，当每穗粒数 x_2 保持不变时，穗数 x_1 增大，产量极显著增大。

综合分析如下：对于产量 y，①每穗粒数 x_2 对其影响极显著（$r_{y2 \cdot} = 0.92^{**}$，$r_{2y} =$

0.67^{**}），每穗粒数 x_2 增大，产量 y 极显著增大，但 x_2 增大，穗数 x_1 减小（$r_{12} = -0.71^{**}$），穗数 x_1 减小对产量 y 影响不明显（$r_{1y} = -0.04$）；②穗数 x_1 虽然在每穗粒数 x_2 一定时对产量 y 是促进的（$r_{y1.} = 0.85^{**}$），但穗数 x_1 增大，每穗粒数 x_2 显著减小（$r_{12.} = -0.93^{**}$，$r_{12} = -0.71^{**}$），x_2 减小使产量 y 显著减小（$r_{2y} = 0.67^{**}$），因此，应控制穗数 x_1。

第五节　相关分析与 SPSS 应用

使用 SPSS 对【例 3-2】进行相关分析。

首先运行 SPSS，SPSS 数据格式、操作方法和统计结果见图 3-2（a）～图 3-2（f）。

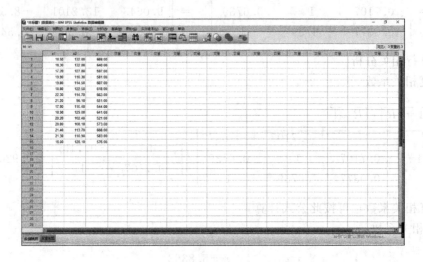

图 3-2（a）　SPSS 试验数据格式

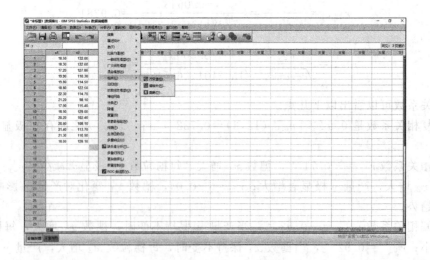

图 3-2（b）　运行相关系数程序

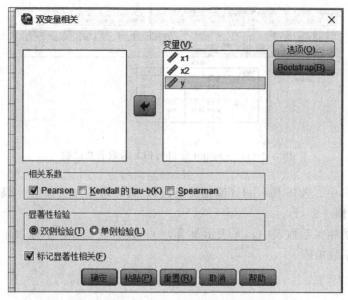

图 3-2（c） 选择相关变量

图 3-2（d） Output 窗口的相关系数表及检验

图 3-2（e） 选择偏相关变量和固定变量

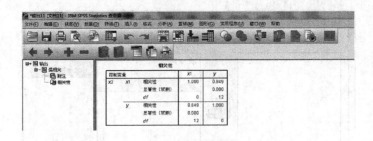

图 3-2 （f） Output 窗口的相关系数表及检验

在图 3-2 （b） 中，选择 Partial （偏相关系数），可以求偏相关系数。操作方法、统计结果见图 3-2 （e）～图 3-2 （f）。

图 3-2 （d） 的相关系数表中，＊表示显著，＊＊表示极显著，不标表示不显著。由相关系数表得到相关系数矩阵

$$R = \begin{bmatrix} 1 & -0.711^{**} & -0.038 \\ -0.711^{**} & 1 & 0.674^{**} \\ -0.038 & 0.674^{**} & 1 \end{bmatrix}$$

图 3-2 （f） 中，$r_{1y.} = 0.849^{**}$，重复以上操作可得 $r_{12} = -0.928^{**}$ 等。在回归方程中的输出中，复相关系数 $R = 0.921^{**}$。

第六节 通径分析与 SPSS 应用

在研究多个相关变量间的线性关系时，除了可以采用多元线性回归分析和偏相关分析外，还可以采用通径分析 （path analysis）。通径分析是数量遗传学家 Wright 于 1921 年提出来的，经遗传育种学者不断改进和完善而形成的一种统计方法，它已广泛应用于各个领域。通径分析实质上是标准化的多元线性回归分析。

通径系数是表示相关变量间因果关系的一种统计量。通径分析具有能区分自变量对因变量的直接作用和间接作用的优点，并能比较多个自变量对因变量作用大小的相对重要性。

一、通径系数与决定系数

（一）通径、相关线与通径图

为直观起见，先讨论一个依变量、两个自变量的情况。设三个相关变量 y 与 x_1、x_2 间存在线性关系，y 为依变量 （结果），x_1、x_2 为自变量 （原因）且彼此相关，回归方程为

$$\hat{y} = b_0 + b_1 x_1 + b_2 x_2 \qquad (3\text{-}27)$$

或

$$y = b_0 + b_1 x_1 + b_2 x_2 + e \qquad (3\text{-}28)$$

式中，e 为剩余项。

可用图 3-3 来表示三个相关变量间的关系。

在图 3-3 中，$x_1 \rightarrow y$ 为通径或直接通径，表示 x_1 对 y 的直接作用；$x_1 \longleftrightarrow x_2 \rightarrow y$ 为间接通径，表示 x_1 通过 x_2 对 y 的间接作用。这种用来表示相关变量间因果关系与平行关系的箭形图称为通径图（path chart）。

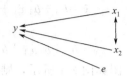

图 3-3　自变量 x_1、x_2 与依变量 y 的通径图

（二）通径系数

设依变量 y 与自变量 x_1、x_2 间存在线性关系，回归方程为

$$\hat{y} = b_0 + b_1 x_1 + b_2 x_2$$

或

$$y = b_0 + b_1 x_1 + b_2 x_2 + e \tag{3-29}$$

式中，e 为剩余项，$e = y - \hat{y}$，且 $\sum e = 0$，$\bar{e} = 0$；x_1、x_2 彼此相关。图 3-3 为表示这三个相关变量间关系的通径图。

由于偏回归系数 b_1、b_2 是带有单位的，一般不能直接由 b_1、b_2 比较自变量 x_1、x_2（原因）对依变量 y（结果）的重要程度。为了能直接比较各自变量对依变量影响的重要程度，现将 y，x_1、x_2 三个变量及剩余项 e 进行标准化转换，使 y，x_1、x_2 变换后无单位。因为 $b_0 = \bar{y} - b_1 \bar{x}_1 - b_2 \bar{x}_2$

代入式（3-29）可得

$$y - \bar{y} = b_1(x_1 - \bar{x}_1) + b_2(x - \bar{x}_2) + e \tag{3-30}$$

再将式（3-30）两端同时除以 y 的标准差 s_0，并作相应的恒等变形，得

$$\frac{y - \bar{y}}{s_0} = b_1 \frac{s_1}{s_0} \cdot \frac{x_1 - \bar{x}_1}{s_1} + b_2 \frac{s_2}{s_0} \cdot \frac{x_2 - \bar{x}_2}{s_2} + \frac{s_e}{s_0} \cdot \frac{e}{s_e} \tag{3-31}$$

式中，s_1、s_2、s_e 分别为 x_1、x_2 和 e 的标准差；$b_1 \frac{s_1}{s_0}$、$b_2 \frac{s_2}{s_0}$ 为变量 x_1、x_2 标准化后的偏回归系数，即标准偏回归系数，是不带单位的数，分别表示 x_1、x_2 标准化后对 y 直接作用的大小；$\frac{s_e}{s_0}$ 表示剩余项 e 对 y 影响大小。

若依变量 y 与 x_1、x_2 间存在线性关系，回归方程为 $\hat{y} = b_0 + b_1 x_1 + b_2 x_2$ 或 $y = b_0 + b_1 x_1 + b_2 x_2 + e$，则变量标准化后的偏回归系数 $b_1 \frac{s_1}{s_0}$、$b_2 \frac{s_2}{s_0}$ 分别称为原因 x_1、x_2 到结果 y 的通径系数，记为 $p_{0 \cdot 1}$，$p_{0 \cdot 2}$；而 $\frac{s_e}{s_0}$ 称为剩余项 e 到结果 y 的通径系数，记为 $p_{0 \cdot e}$，即

$$p_{0 \cdot 1} = b_1 \frac{s_1}{s_0}, p_{0 \cdot 2} = b_1 \frac{s_2}{s_0}, p_{0 \cdot e} = \frac{s_e}{s_0}$$

通径系数（直接通径系数）$p_{0 \cdot 1}$、$p_{0 \cdot 2}$ 分别表示了原因 x_1、x_2 和剩余项 e 对结果 y 的直接影响。

间接通径，如 $x_1 \leftrightarrow x_2 \rightarrow y$ 的系数 $r_{12} p_{0 \cdot 2}$。

一般情况下，若依变量 y 与自变量 x_1，x_2，$\cdots$，x_m 间存在线性关系，回归方程为

$$\hat{y} = b_0 + b_1 x_1 + b_2 x_2 + \cdots + b_m x_m$$

或

$$y = b_0 + b_1 x_1 + b_2 x_2 + \cdots + b_m x_m + e$$

其通径图如图 3-4 所示，则原因 x_i（$i = 1, 2, \cdots, m$）与剩余项 e 到结果 y 的通径系数为

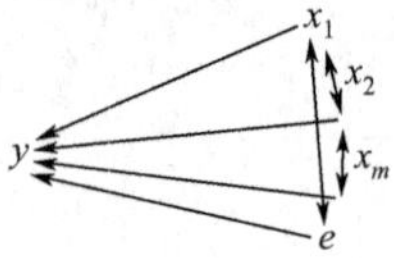

图 3-4　x_1, x_2, $\cdots$, x_m 与 y 的通径图

$$p_{0 \cdot i} = b_i \frac{s_i}{s_0} (i = 1, 2, \cdots, m), \quad p_{0 \cdot e} = \frac{s_e}{s_0}$$

（三）决定系数

通径系数的平方称为决定系数。对于 $y = b_0 + b_1 x_1 + b_2 x_2 + e$ 情况，原因 x_1、x_2 和剩余项 e 对结果 y 的决定系数为 $d_{0 \cdot 1}$、$d_{0 \cdot 2}$、$d_{0 \cdot e}$，即

$$d_{0 \cdot 1} = p_{0 \cdot 1}^2 = \left(b_1 \frac{s_1}{s_0} \right)^2, d_{0 \cdot 2} = p_{0 \cdot 2}^2 = \left(b_2 \frac{s_2}{s_0} \right)^2, d_{0 \cdot e} = p_{0 \cdot e}^2 = \left(b_e \frac{s_e}{s_0} \right)^2$$

对于 $y = b_0 + b_1 x_1 + b_2 x_2 + \cdots + b_m x_m + e$，一般情况，原因 x_i（$i = 1, 2, \cdots, m$）对结果 y 的决定系数记为 $d_{0 \cdot i}$，即

$$d_{0 \cdot i} = p_{0 \cdot i}^2 = \left(b_i \frac{s_i}{s_0} \right)^2 \quad i = 1, 2, \cdots, m$$

剩余项 e 对结果的决定系数记为 $d_{0 \cdot e}$，即

$$d_{0 \cdot e} = p_{0 \cdot e}^2 = \left(\frac{s_e}{s_0} \right)^2$$

决定系数表示原因（自变量）或剩余项对结果（依变量）的决定程度的大小。

二、通径系数的性质

可以证明通径系数有如下 4 个重要性质。

性质 1：如果相关变量 y、x_1、x_2 间存在线性关系，其中 y 为依变量（结果），x_1 和 x_2 为自变量（原因），且 x_1 和 x_2 彼此相关，回归方程为 $\hat{y} = b_0 + b_1 x_1 + b_2 x_2$ 或 $y = b_0 + b_1 x_1 + b_2 x_2 + e$，则

$$r_{10} = p_{0 \cdot 1} + r_{12} p_{0 \cdot 2} \tag{3-32}$$

$$r_{20} = p_{0 \cdot 2} + r_{21} p_{0 \cdot 1} \tag{3-33}$$

对于式（3-32）可以进行如下通径分析：r_{10} 是 x_1 对 y 的综合作用，它可以分为两部分，即直接作用和间接作用。直接作用是 p_{01}，即是直接通径 $x_1 \rightarrow y$ 的作用；间接作用是 $r_{12} p_{0 \cdot 2}$，即是间接通径 $x_1 \leftrightarrow x_2 \rightarrow y$ 的作用，表示 x_1 通过与其相关的 x_2 对 y 的间接作用。

对于式（3-33）也可以进行同样的通径分析。

一般情况，设相关变量 y，x_1，x_2，$\cdots$，x_m 间存在线性关系，且两两相关，回归方程为 $\hat{y} = b_0 + b_1 x_1 + b_2 x_2 + \cdots + b_m x_m$ 或 $y = b_0 + b_1 x_1 + b_2 x_2 + \cdots + b_m x_m + e$，则

$$r_{10}=p_{0 \cdot 1}+r_{12}p_{0 \cdot 2}+\cdots+r_{1m}p_{0 \cdot m}$$
$$r_{20}=r_{21}p_{0 \cdot 2}+p_{0 \cdot 2}+\cdots+r_{2m}p_{0 \cdot m}$$
$$\cdots \tag{3-34}$$
$$r_{m0}=r_{m1}p_{0 \cdot 1}+r_{m2}p_{0 \cdot 2}+\cdots+p_{0 \cdot m}$$

式 (3-34) 说明，x_i（$i=1$, 2, $\cdots$, m）与 y 的综合作用 r_{i0} 可剖分为 x_i 对 y 的直接作用 $p_{0 \cdot i}$ 与间接作用 $\sum\limits_{k \neq i}^{m} p_{0 \cdot k} \cdot r_{ik}$ 的代数和。

性质 2：如果依变量 y 与自变量 x_1、x_2 间存在线性关系，且 x_1、x_2 彼此相关，则
$$d_{0 \cdot 1}+d_{0 \cdot 2}+d_{0 \cdot 12}+d_{0 \cdot e}=1 \tag{3-35}$$
式中，$d_{0 \cdot 12}=2p_{0 \cdot 1}r_{12}p_{0 \cdot 2}$。

在式 (3-35) 中，$2p_{01}r_{12}p_{0 \cdot 2}$ 表示两个相关原因 x_1、x_2 共同对结果 y 的相对决定程度，称为相关原因 x_1、x_2 共同对结果 y 的决定系数，即当一个结果的两个原因相关时，两个原因对结果的决定系数加上相关原因共同对结果的决定系数与剩余项对结果的决定系数之和等于 1。

根据式 (3-35)，可以计算出剩余项对结果的决定系数 $d_{0 \cdot e}$ 与通径系数 $p_{0 \cdot e}$
$$d_{0 \cdot e}=1-(d_{0 \cdot 1}+d_{0 \cdot 2}+d_{0 \cdot 12}) \tag{3-36}$$
$$p_{0 \cdot e}=\sqrt{d_{0 \cdot e}} \tag{3-37}$$

一般情况下，如果依变量 y 与自变量 x_1, x_2, $\cdots$, x_m 间存在线性关系，且自变量两两之间彼此相关，则
$$d_{0 \cdot 1}+d_{0 \cdot 2}+\cdots+d_{0 \cdot m}+d_{0 \cdot 12}+d_{0 \cdot 13}+\cdots+d_{0 \cdot (m-1)m}+d_{0 \cdot e}=1$$
或简写为
$$\sum_{i=1}^{m} d_{0 \cdot j}+\sum_{i<j}^{m} d_{0 \cdot ij}+d_{0 \cdot e}=1 \tag{3-38}$$

根据式 (3-38)，可以计算出剩余项对结果的决定系数与通径系数
$$d_{0 \cdot e}=1-\left(\sum_{i=1}^{m} d_{0 \cdot i}+\sum_{i<j}^{m} d_{0 \cdot ij}\right) \tag{3-39}$$
$$p_{0 \cdot e}=\sqrt{d_{0 \cdot e}} \tag{3-40}$$

如果 $d_{0 \cdot e}$ 的数值较大，说明可能还有对结果影响较大的原因未被考虑到，这在通径分析时应予以注意。

性质 2 的主要用途是利用各决定系数绝对值的大小来分析各个原因及两两相关原因对结果的决定程度的大小。

性质 3：如果依变量 y 与自变量 x_1, x_2, $\cdots$, x_m 间存在线性关系，且自变量两两间彼此相关，回归方程为
$\hat{y}=b_0+b_1x_1+b_2x_2+\cdots+b_mx_m$ 或 $y=b_0+b_1x_1+b_2x_2+\cdots+b_mx_m+e$，则
$$R^2=p_{0 \cdot 1}r_{10}+p_{0 \cdot 2}r_{20}+\cdots+p_{0 \cdot m}r_{m0} \tag{3-41}$$
简写为
$$R^2=\sum_{i=1}^{m} p_{0 \cdot i}r_{i0} \tag{3-42}$$
并且
$$R^2=\sum_{i=1}^{m} d_{0 \cdot i}+\sum_{i<j}^{m} d_{0 \cdot ij} \tag{3-43}$$

$$d_{0 \cdot e} = 1 - R^2 \qquad (3\text{-}44)$$

$$p_{0 \cdot e} = \sqrt{d_{0 \cdot e}} = \sqrt{1 - R^2} \qquad (3\text{-}45)$$

根据式（3-42），我们将 $p_{0 \cdot 1} r_{10}$，$p_{0 \cdot 2} r_{20}$，$\cdots$，$p_{0 \cdot m} r_{m0}$ 分别称为自变量 x_1，x_2，$\cdots$，x_m 对回归方程估测可靠程度 R^2 的总贡献。式（3-44）、式（3-45）可用于计算 $d_{0 \cdot e}$ 与通径系数 $p_{0 \cdot e}$。

性质 3 的主要用途是在通径分析中进行各原因对回归方程相关系数 R^2 的总贡献分析。

性质 4：如果结果 y_1 与结果 y_2 有 m 个共同原因 x_1，x_2，$\cdots$，x_m，且 x_1，x_2，$\cdots$，x_m 间两两相关，y_1、y_2 分别与 x_1，x_2，$\cdots$，x_m 间存在线性关系，则

$$r_{y_1 y_2} = \sum_{i=1}^{m} p_{y_1 \cdot x_i} p_{y_2 \cdot x_i} + \sum_{i \neq j}^{m} p_{y_1 \cdot x_i} r_{x_i x_j} p_{y_2 \cdot x_i} \qquad (3\text{-}46)$$

例如，结果 y_1 与结果 y_2 有共同的原因 x_1，x_2，且 x_1 与 x_2 相关，y_1、y_2 分别与 x_1，x_2 存在线性关系，那么，结果 y_1 与结果 y_2 的相关系数为

$$r_{y_1 y_2} = p_{y_1 \cdot x_1} p_{y_2 \cdot x_1} + p_{y_1 \cdot x_2} p_{y_2 \cdot x_2} + p_{y_1 \cdot x_1} r_{x_1 y_2} p_{y_2 \cdot x_2} +$$

$$p_{y_1 \cdot x_2} r_{x_2 x_1} p_{y_2 \cdot x_1}$$

三、通径系数的显著性检验

通径分析是标准化变量的多元线性回归分析，通径分析的显著性检验包括回归方程显著性检验、通径系数显著性检验、通径系数差异显著性检验。

设依变量 y 与自变量 x_1，x_2，$\cdots$，x_m 间存在线性关系，自变量两两相关。y 与 x_1，x_2，$\cdots$，x_m 共有 n 组实际观测数据。m 元线性回归方程为

$$\hat{y} = b_0 + b_1 x_1 + b_2 x_2 + \cdots + b_m x_m$$

现对 y，x_1，x_2，$\cdots$，x_m 分别进行标准化变换

$$y' = \frac{y - \overline{y}}{\sqrt{SS_0}}, \quad x_i' = \frac{x_i - \overline{x}_i}{\sqrt{SS_i}}, \quad i = 1, 2, \cdots, m$$

式中，$SS_0 = \sum (y - \overline{y})^2$，$SS_i = \sum (x_i - \overline{x}_i)^2$。

注意，为了使显著性检验简便易行，这里用 $\sqrt{SS_0}$、$\sqrt{SS_i}$ 作为分母进行标准化变换，与前面用 S_0、S_i 作分母进行标准化变换有所不同，但两种标准化变换所得的通径系数即标准化变量的偏回归系数数值相同。

标准化变量的 m 元线性回归方程为

$$\hat{y}' = b_1' x_1' + b_2' x_2' + \cdots + b_m' x_m'$$

式中，$b_i' = b_i \dfrac{\sqrt{SS_i}}{\sqrt{SS_0}} = b_i \dfrac{S_i}{S_0}$ （$i = 1$，2，$\cdots$，m）为标准化变量的偏回归系数，即通径系数。

令 $p_{0 \cdot i} = b_i'$，则 $\hat{y}' = p_{0 \cdot 1} x_1' + p_{0 \cdot 2} x_2' + \cdots + p_{0 \cdot m} x_m'$ $\qquad (3\text{-}47)$

式（3-47）也为标准化变量的 m 元线性回归方程。

可以证明：$SS_{y'} = 1$，$SS_{R'} = \sum\limits_{i=1}^{m} p_{0 \cdot i} r_{i0} = R^2$，$SS_{r'} = SS_{y'} - SS_{R'} = 1 - R^2$

（一）回归方程显著性检验

由于进行通径分析的前提是 y 与 x_1，x_2，$\cdots$，x_m 间存在显著的线性关系，因此需要

对回归方程进行显著性检验。如果回归方程不显著，意味着 y 与 x_1，x_2，$\cdots$，x_m 间不存在显著的线性关系，则不必继续进行通径分析。

采用 F 检验法检验回归方程的显著性。

$$F=\frac{R^2/m}{(1-R^2)/(n-m-1)},df_1=m,df_2=n-m-1 \tag{3-48}$$

检验回归方程是否显著。

(二) 通径系数显著性检验

1. F 检验

由统计量

$$F=\frac{p_{0\cdot i}^2/c_{ii}}{SS_{r_i}/(n-m-1)},df_1=1,df_2=n-m-1 \tag{3-49}$$

检验通径系数 $p_{0\cdot i}$（$i=1$，2，$\cdots$，m）是否显著。式中，c_{ii} 为相关系数矩阵 $\boldsymbol{R}$ 的逆矩阵 $\boldsymbol{R}^{-1}=\boldsymbol{C}$ 中主对角线上的元素。

2. t 检验

由统计量

$$t=\frac{p_{0\cdot i}}{S_{p_{0\cdot i}}},df=n-m-1 \tag{3-50}$$

检验通径系数 $p_{0\cdot i}$（$i=1$，2，$\cdots$，m）是否显著。式中，$S_{p_{0\cdot i}}$ 为通径系数标准误（standard error of path coefficient），其计算公式为

$$S_{p_{0\cdot i}}=\sqrt{\frac{SS_{r'}}{(n-m-1)}\cdot\sqrt{c_{ii}}}$$

注意，这里介绍的 F 检验与 t 检验等价，在实际进行通径系数显著性检验时，只需任选其一。

(三) 通径系数差异显著性检验

由于通径系数为不带单位的相对数，因此可以进行一次通径分析中的两个通径系数的差异显著性检验。

1. F 检验

由统计量

$$F=\frac{(p_{0\cdot i}-p_{0\cdot j})^2/(c_{ii}+c_{jj}+2c_{ij})}{SS_{r'}/(n-m-1)},df_1=1,df_2=n-m-1 \tag{3-51}$$

$$(i，j=1，2，\cdots，m，i\neq j)$$

检验通径系数 $p_{0\cdot i}$ 与 $p_{i\cdot 0}$ 之间的差异是否显著。式中，c_{ii}、c_{jj}、c_{ij} 为相关系数矩阵 $\boldsymbol{R}$ 的逆矩阵 $\boldsymbol{R}^{-1}=\boldsymbol{C}$ 的元素。

2. t 检验

由统计量

$$t=\frac{p_{0\cdot i}-p_{0\cdot j}}{S_{p_{0\cdot i}-p_{0\cdot j}}},df=n-m-1 \tag{3-52}$$

检验通径系数 $p_{0\cdot i}$ 与 $p_{i\cdot 0}$ 间的差异是否显著。式中，$S_{p_{0\cdot i}-p_{0\cdot j}}$ 为通径系数差异标准误，其计算公式为

$$S_{p_{0 \cdot i} - p_{0 \cdot j}} = \sqrt{\frac{SS_{r'}}{n-m-1}} \cdot \sqrt{c_{ii} + c_{jj} + c_{ij}} \tag{3-53}$$

注意，这里介绍的 F 检验与 t 检验也是等价的。

第七节　SPSS 通径分析

【例3-3】　对【例3-2】进行通径分析：

（1）检查变量间是否存在线性关系；

（2）自变量对依变量直接作用、间接作用；

（3）各自变量对依变量的作用大小排序。

首先运行 SPSS，SPSS 的数据格式、操作方法和统计结果见图3-5（a）～图3-5（e）。

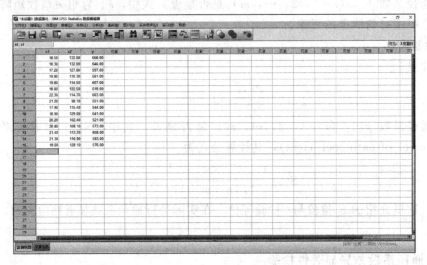

图 3-5（a）　试验数据格式

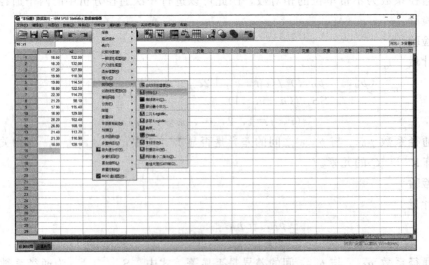

图 3-5（b）　运行线性回归程序

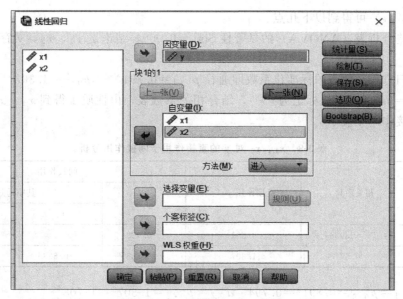

图 3-5 （c） 选择依变量、自变量

图 3-5 （d） 选择相关系数表

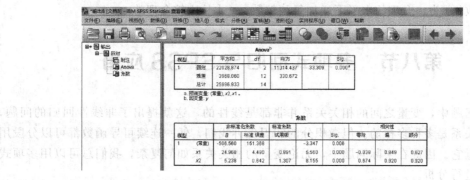

图 3-5 （e） Output 窗口的相关系数表及检验

由图 3-5（e）可得到以下几点：

（1）方差分析表（ANOVA）的显著性 Sig. =0.000，结论是 x_1，x_2，y 存在极显著的线性关系；

（2）回归方程系数表的标准化系数即通径 $p_{0\cdot1}=0.891^{**}$、$p_{0\cdot2}=1.307^{**}$（因其对应显著性 Sig. =0.000，所以标记为 **），结合相关系数表，由性质 1 得到 x_1，x_2 对 y 的直接作用、间接作用见表 3-8。

表 3-8　x_1，x_2 对 y 的直接作用于间接作用分析

自变量	相关系数 r_{i0}	直接作用 $p_{0\cdot i}$	间接作用		
			总的	其中通过	
				x_1	x_2
x_1	−0.038	0.891	−0.929		−0.929
x_2	0.674	1.307	−0.633	−0.633	

（3）$d_{0\cdot1}=p_{0\cdot1}^2=0.891^2=0.794$　$d_{0\cdot2}=p_{0\cdot2}^2=1.307^2=1.708$

$d_{0\cdot e}=1-R^2=1-0.847=0.153$

$d_{0\cdot12}=2p_{0\cdot1}r_{12}p_{0\cdot2}=2\times0.891\times1.307\times(-0.711)=-1.656$

按绝对值大小将决定系数进行排列，对 y 作用大小依次是 x_2，x_1x_2，x_1，e。

（4）进行各自变量对回归方程估测可靠程度 R^2 总贡献的分析。

先计算各 $p_{0\cdot i}r_{i0}$，得

$$p_{0\cdot1}r_{10}=0.891\times(-0.038)=-0.034, p_{0\cdot2}r_{20}=1.307\times0.674=0.8809$$

因为 $|p_{0\cdot2}r_{20}|>|p_{0\cdot1}r_{10}|$，说明自变量 x_2 对 R^2 的总贡献为 08809，居自变量对 R^2 总贡献之首。

对于产量 y，综合分析如下：

（1）每穗粒数 x_2 增大，产量 y 直接极显著增大（1.307），但 x_2 增大，影响穗数 x_1 减小，间接使产量 y 有不少的减小（−0.633），但综合产量还是增加的（0.674）；

（2）穗数 x_1 增大，产量 y 直接显著增大（0.891），但 x_1 增大，影响粒数 x_2 减小，间接使产量 y 有不少的减小（−0.929），使综合产量没有变化，甚至有减小的趋势（−0.0038）；

（3）x_1、x_2 对 y 作用明显（$d_{0\cdot12}$ 排第二）。

综合以上分析，对于产量 y 增加，每穗粒数 x_2 的增加不能以穗数 x_1 的增加为代价，应在保持穗数 x_1 为一合理的水平下增加每穗粒数 x_2 才是比较合理的。

第八节　多项式回归与 SPSS 应用

在实际问题中，变量之间的相关关系并非都是线性的，这就提出了非线性回归的问题，非线性相关关系是多种多样的。但微积分的知识告诉我们，任一连续可导函数都可以分段用多项式来逼近它。因此在实际问题中，无论变量的相关关系如何复杂，我们总可以用多项式作为模型来进行分析。

设依变量 y 与自变量 x_1，$\cdots$，x_m 有关系：$E(y)=f(x_1,\cdots,x_m)$，但 $f(x_1,\cdots,$

x_m）未知，一般可以用高次多项式估计（有麦克劳林展开式保证），尤其是在生物领域。

一、一元多元多项式回归

（一）一元多项式回归数学模型

设依变量 y 与自变量 x 有关系：$E(y)=f(x)$，但 $f(x)$ 未知，设 $E(y)=f(x)$ 的估计是

$$\hat{y}=b_0+b_1x+b_2x^2+\cdots+b_mx^m \tag{3-54}$$

式（3-54）即为一元多项式回归的数学模型。

为了估计回归方程，现进行抽样 (x_i, y_i)，其中 $i=1, \cdots, n$。

（二）一元多项式回归方程的确定

如果设 $x_1=x$，$x_2=x^2$，$\cdots$，$x_m=x^m$，则式（3-54）就转化为 m 元线性回归方程

$$\hat{y}=b_0+b_1x_1+b_2x_2+\cdots+b_mx_m$$

现有样本点 (x_i, y_i) 其中 $i=1, \cdots, n$，变为 $(x_i, x_i^2, \cdots, x_i^m, y)$ 其中 $i=1, \cdots, n$。

按照多元线性回归方程确定系数，建立上述 m 元线性回归方程，进而可得到 x，y 的最优回归方程。

（三）一元多项式回归方程的拟合度与偏离度

应用相关指数 R^2 表示一元多项式回归方程拟合度的高低，或者说表示一元多项式回归方程估测的可靠程度的高低。这里

$$R^2=\frac{1-\sum(y-\hat{y})^2}{\sum(y-\overline{y})^2}$$

式中，$\sum(y-\hat{y})^2$ 需直接根据每个观测值的偏差 $(y-\hat{y})$ 来计算。

应用离回归标准误差 S_r 度量一元多项式回归估测值 $\hat{y}$ 与实测值 y 的偏差程度，即一元多项式回归方程的偏差度。这里 $S_r=\sqrt{\dfrac{\sum(y-\hat{y})^2}{n-m-1}}$。

（四）一元多项式回归自变量最高次数的选择

一般实际应用中，多项式回归方程常见的是二次多项式和三次多项式回归，如果拟合不好，可用更高次多项式。下面结合一实例对一元二次多项式回归分析方法做详细介绍。

（五）实例

【例 3-4】 观测玉米氮肥使用量 x(kg/亩) 与亩产量 y(kg/亩) 之间的关系，得到表 3-9 数据。试建立玉米亩产量（因变量 y）对氮肥使用量（因变量 x）回归方程。

表 3-9　氮肥使用量与亩产量测定结果表

氮肥施用量/(kg/亩)	0	3	6	9	12	15
亩产量/(kg/亩)	312	380	461	502	485	442

（1）绘制 x 与 y 的散点图。由散点图可以看出，玉米亩产量与氮肥使用量之间呈抛物

线关系，因此可以选用一元二次多项式来描述玉米亩产量与氮肥使用量的关系，即进行一元二次多项式回归分析。

（2）设一元二次多项式回归方程为

$$\hat{y} = b_0 + b_1 x_1 + b_2 x^2 \qquad (3\text{-}55)$$

（3）利用二元线性回归方程确定一元二次多项式回归方程系数，试验数据见表 3-10。

表 3-10   试验数据表

x	x^2	y
0	0	312
3	9	380
6	36	461
9	81	502
12	144	485
15	225	442

使用 SPSS 对【例 3-4】进行回归分析。

首先运行 SPSS，SPSS 的数据格式、操作方法和统计结果见图 3-6（a）～图 3-6（c）。

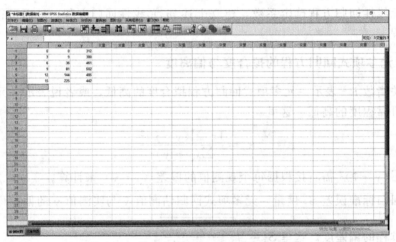

图 3-6（a） 试验数据格式

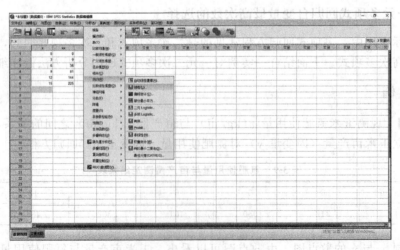

图 3-6（b） 运行回归分析

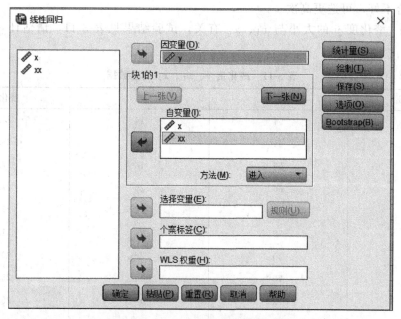

图 3-6 （c） 选择依变量、自变量

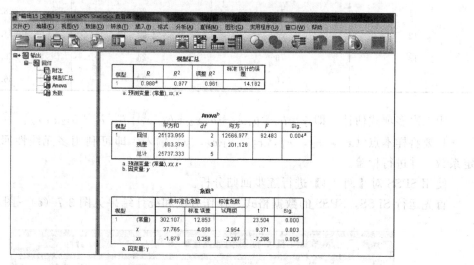

图 3-6 （d） Output 窗口的回归分析结果

由上表可求得回归方程为

$$\hat{y} = 302.107 + 37.765x - 1.879x^2 \quad R = 0.998 **$$

故 x、y 关系显著 ［见图 3-6 （d）］。

二、SPSS 多元多项式回归

设依变量 y 与自变量 x 有关系： $E(y) = f(x_1, \cdots, x_m)$，但 $f(x_1, \cdots, x_m)$ 未知，一般可以用高次多项式去估计（有麦克劳林展开式保证），尤其是在生物领域。

设 $E(y) = f(x_1, \cdots, x_m)$ 的估计是三元二次多项式

$$\hat{y} = b_0 + \sum_{j=1}^{m} b_j x_j + \sum_{j=1}^{m} b_{jj} x_j^2 + \sum_{1 \leqslant i < j}^{m} b_{ij} x_i x_j \tag{3-56}$$

如果拟合不好，可选更高次。

【例 3-5】 醛化度 y 的大小与 x_1、x_2 有关，试验结果见表 3-11，请估计 y 与 x_1、x_2 的关系。

表 3-11　醛化度 y、x_1、x_2 试验数据

试验号	温度 x_1	时间 x_2	醛化度 y
1	64	14	24.08
2	64	16	28.59
3	66	18	27.88
4	66	20	27.99
5	68	22	27.77
6	68	24	31.21
7	70	26	30.83
8	70	14	25.67
9	72	16	25.31
10	72	18	31.53
11	74	20	28.03
12	74	22	31.31
13	76	24	29.16
14	76	26	36.36

用二次多项式估计，即 $\hat{y}=b_0+b_1x_1+b_2x_2+b_{11}x_1^2+b_{22}x_2^2+b_{12}x_1x_2$。

只要将样本点 $(x_1，x_2，x_1^2，x_2^2，x_1x_2，y)$ 输入，即可利用多元线性回归方程的确定系数，并进行检验。

使用 SPSS 对【例 3-4】进行逐步回归分析。

首先运行 SPSS，SPSS 的数据格式、操作方法和统计结果见图 3-7 （a）～图 3-7 （c）。

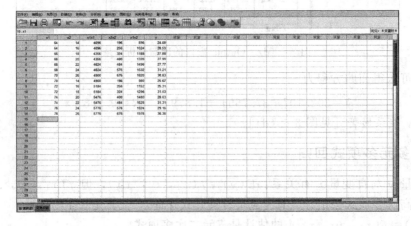

图 3-7 （a）　试验数据格式表

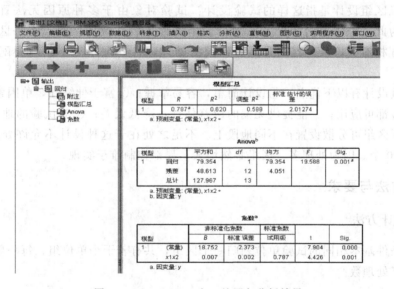

图 3-7 （b） 运行线性回归分析

图 3-7 （c） Output 窗口的回归分析结果

由图 3-7 （c） 中的系数表得逐步回归法的回归方程

$$\hat{y} = -18.752 + 0.007x_1x_2, R = 0.787^{***}$$

$***$ 是方差分析表的 Sig. $= 0.001$。x_1x_2 对 y 影响极显著，其他项对 y 影响不显著，因此 $\hat{y} = 18.752 + 0.007x_1x_2$ 能够极显著表示 x_1，x_2，y 间的关系。

第四章　方差分析试验设计方法与统计分析

第一节　随机区组设计与 SPSS 应用

随机区组设计，其全名应为完全随机化区组设计。它是一种比较充分运用区间试验设计基本原则的试验设计方案。试验中经常需要人们设计一种能够系统地控制外来因素引起变差的试验方案。即如果试验单位有一个方向上的差异，需要进行随机区组设计。一般地，随机区组设计是指这样的试验设计：试验对象由于多种原因无法置于同等条件下做试验，为此，先将他们所处范围划分若干条件比较一致的区组，将每区组再分成若干小区与处理相对应，从而容纳全部需比较的处理，各处理在每小区内的配置按随机化原则进行。

随机区组设计有以下优点：①设计简单，容易掌握；②富于伸缩性，单因素、多因素和综合性的试验都可应用；③能提供无偏的误差估计，降低误差；④对试验的地形要求不严，必要时，不同区组可分散设置在不同地段上。不足之处在于这种设计不允许处理的量太多，一般不超过 20 个。因为处理多，区组必然增大，局部控制难于实现。

一、设计方法与要求

（一）设计方法

将初始条件基本相同的试验单位划归一个区组，共有若干个单位组，每一单位组内的试验单元数等于处理数。

（二）随机单位组设计要求

同一区组内各个试验单元尽可能一致，不同区组间的试验单元允许存在差异。

二、统计分析方法

（1）单因素

设有 a 个处理，需要比较它们的平均数是否一致，试验单元分为 b 组，所得试验数据见表 4-1。

平方和 SS_T 与自由度 df_T 的划分式如下：

$$SS_T = SS_A + SS_B + SS_e, df_T = df_A + df_B + df_e \tag{4-1}$$

表 4-1　单因素试验随机区组设计数据

因素(A)	区组(B)				处理合计 $x_i.$	处理平均 $\overline{x_i}$
	1	2	...	b		
1	x_{11}	x_{12}	...	x_{1b}	$x_1.$	$\overline{x_1}$
2	x_{21}	x_{22}	...	x_{2b}	$x_2.$	$\overline{x_2}$
⋮	⋮	⋮		⋮	⋮	⋮
a	x_{a1}	x_{a1}	...	x_{ab}	$x_a.$	$\overline{x_a}$
合计 $x_j.$	$x_1.$	$x_2.$	...	$x_b.$	$x_..$	$\overline{x}_..$

（2）两因素或多因素

如果是 2 个或 2 个以上因素时，要比较多个搭配的平均数时，每个搭配为一个总体，进行方差分析。

设：A 分为 a 个水平、B 分为 b 个水平，共有 ab 个处理，n 次重复，随机区组设计（n 个区组，区组因素用 C 表示），试验数据见表 4-2。

表 4-2　两因素试验随机区组设计数据

AB 因素	区组(C)			
	1	2	...	n
11	x_{111}	x_{112}	...	x_{11n}
12	x_{121}	x_{122}	...	x_{12n}
...	...	...	...	...
1b	x_{1b1}	x_{1b2}	...	x_{1bn}
⋮	⋮	⋮	⋮	⋮
a1	x_{a11}	x_{a12}	...	x_{a1n}
a2	x_{a21}	x_{a22}	...	x_{a2n}
...	...	...	...	...
ab	x_{ab1}	x_{ab2}	...	x_{abn}

平方和与自由度的划分式为

$$SS_T = SS_{AB} + SS_C + SS_e = SS_A + SS_B + SS_{A \times B} + SS_C + SS_e$$
$$df_T = df_{AB} + df_C + df_e = df_A + df_B + df_{A \times B} + df_{AC} + df_e \tag{4-2}$$

【例 4-1】有一小麦品种对比试验，共有 8 个品种，用 A、B、C、D、E、F、G、H 作为品种代号，其中，A 为标准品种，采用随机区组设计，设置 3 次重复，田间排列及小区（每小区 $30m^2$）产量结果（kg）如表 4-3 所示，试作方差分析。

表 4-3　小麦品种对比试验数据

区组	产　量							
Ⅰ	B	F	A	E	H	G	C	D
	12.8	10.1	10.9	13.8	9.3	10.0	11.1	9.1
Ⅱ	C	E	G	H	B	A	D	F
	10.0	13.9	11.0	12.8	11.8	9.2	7.1	12.1

区组	产　量							
Ⅲ	A	C	E	G	D	H	F	B
	7.9	11.0	16.8	12.1	9.1	14.2	10.3	14.0

表 4-3 为小麦品种对比试验的田间排列和产量结果。

使用 SPSS 对【例 4-1】进行方差分析。

首先运行 SPSS，数据格式、操作方法和统计结果见图 4-1（a）～图 4-1（f）。

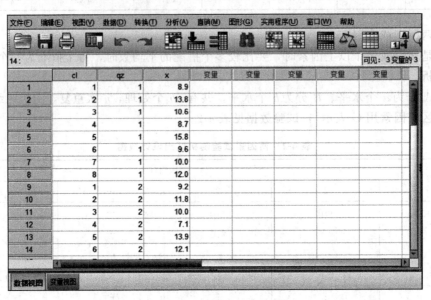

图 4-1（a）　试验数据格式

图 4-1（b）　运行方差分析

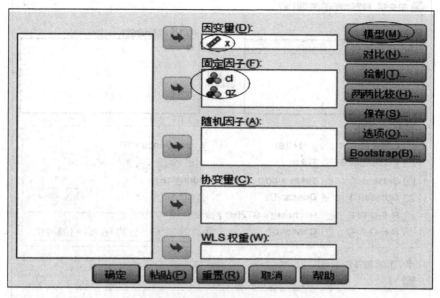

图 4-1（c） 选择因变量、自变量

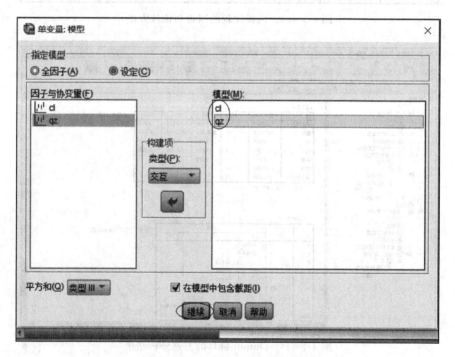

图 4-1（d） 选择没有交互的模型

由图 4-1（f）方差分析表可知：8 个品种平均产量极显著不都一样（c_1 项后 Sig. ＝ 0.000，$p < 0.01$），5 号（E 品种）平均产量显著高于其他品种，品种 2 和 8 平均产量差异不显著，但高于品种 1、3、4、6、7 平均产量，品种 3、6 和 7 的平均产量差异不显著，高于品种 1 和 4 的平均产量，品种 1 和 4 的平均产量差异不显著。

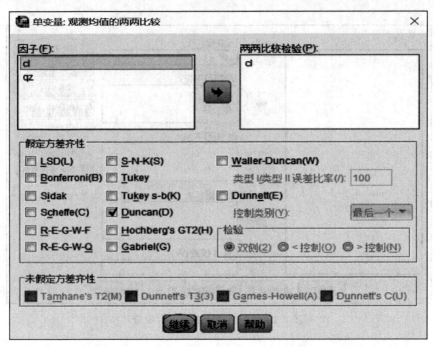

图 4-1 (e) 选择比较的因素和比较方法

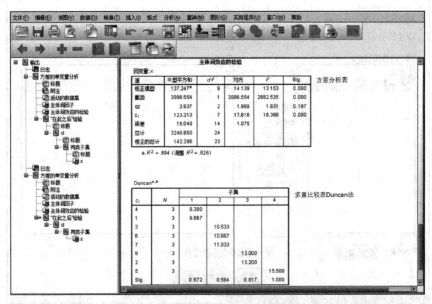

图 4-1 (f) Output 窗口的方差分析结果

第二节 拉丁方设计与 SPSS 应用

如果在试验田进行土壤理化性质的测定,发现试验田东部和北部肥力高,而西部和南部肥力低,此时采用随机区组设计,无论区组内的小区是从东往西走,还是从南往北走,都不可能做到区组内各小区的肥力大致相同,为了取消两个方向的土壤肥力差异给试验带来的干扰，应当设计成两个方向上的区组，这就是拉丁方设计。应用拉丁方设计，与随机区组设计相比更近了一步，它可以从行和列两个方向进行局部控制，使行列两向皆成区组，以剔除两个方向的系统误差，因而有较高的精密度和准确度。

一、设计方法

常用拉丁方　由 n 行 n 列 $n \times n$ 个小方块构成的方形，每一小方格用拉丁字母（或数字）来表示，共用 n 个字母（或数字），若每一行、每一列各个字母均恰好出现一次，这个方就称为一个拉丁方。

常用的有 3×3、4×4、5×5、6×6 阶拉丁方。拉丁方中第一行和第一列均为字母或数字的顺序排列的拉丁方称为标准方。下面列出部分标准型拉丁方，供进行拉丁方时使用。

3×3	4×4			
	(1)	(2)	(3)	(4)
A B C	A B C D	A B C D	A B C D	A B C D
B C A	B A D C	B C D A	B D A C	B A D C
C A B	C D B A	C D A B	C A D B	C D A B
	D C A B	D A B C	D C B A	D C B A

拉丁方试验设计是使试验因素的每一水平与拉丁字母对应，每一字母代表一个水平，全部处理均在每一行、每一列上出现一次且仅出现一次。因此不论在行方向上还是列方向上出现环境差异时，拉丁方试验都可以像随机区组设计那样克服区组差异干扰，即可以克服两个方向差异到来的干扰。

因此拉丁方设计与随机区组设计相似，只是它实行了双向局部控制而已，在排列设计上，拉丁方设计的重复数与处理数相等，不能任意更改，试验必须划分成相等的列数与行数，且这个公共的行数与列数等于各行、列内的小区数，即处理数。

二、统计分析方法

拉丁方设计试验结果的统计分析是将两个单位组因素与试验因素一起，按三因素试验单独观测值的方差分析法进行。将处理因素记为 A，行单位组因素记为 B，列单位组因素记为 C，行单位组数、列单位组数与处理数记为 n。

平方和与自由度划分式为

$$SS_T = SS_A + SS_B + SS_C + SS_e$$
$$df_T = df_A + df_B + df_C + df_e \tag{4-3}$$

F 检验：$F_A = MS_A / MS_e$，$F_B = MS_B / MS_e$，$F_C = MS_C / MS_e$。

【例 4-2】　有一冬小麦施氮肥时期试验，5 个处理为：A 不施氮肥；B 播种期（10 月 29 日）施氮；C 越冬期（12 月 13 日）施氮；D 拔节期（3 月 17 日）施氮；E 抽穗期（5 月 1 日）施氮。采用 5×5 拉丁方设计，小区计产面积 $11m^2$，其田间排列和产量（$kg/11m^2$）结果见表 4-4，试做方差分析。

表 4-4　某一冬小麦施氮肥后处理数据

B1.4	D1.8	E2.1	A2.5	C3.0
C2.8	A2.3	B1.6	E1.9	D2.3
D2.4	C3.1	A2.5	B1.6	E2.3
E2.0	B1.7	C3.2	D2.0	A2.6
A2.6	E2.0	D2.6	C3.0	B1.2

使用 SPSS 对【例 4-2】进行方差分析。

首先运行 SPSS，数据格式、操作方法和统计结果见图 4-2（a）～图 4-2（f）。

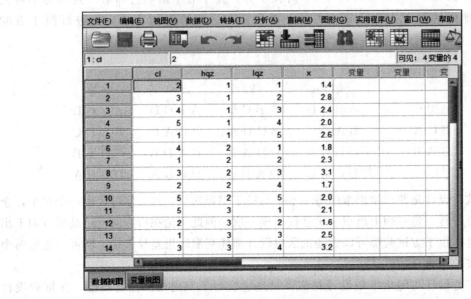

图 4-2（a）　试验数据格式

图 4-2（b）　运行方差分析

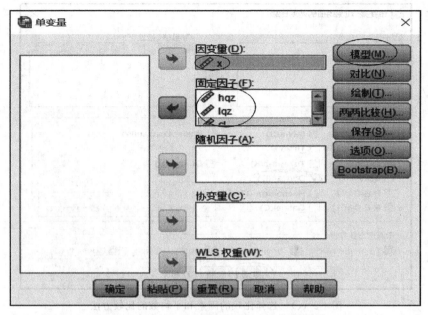

图 4-2 （c） 选择因变量、自变量

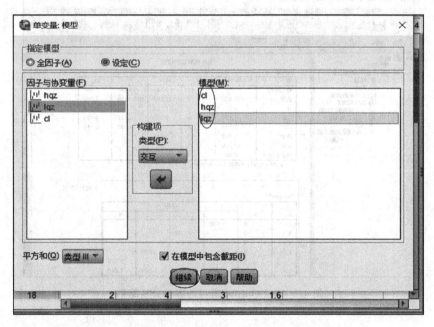

图 4-2 （d） 选择没有交互作用的模型

由图 4-2 （f）方差分析表、多重比较表可知：5 个品种平均产量极显著不都一样（c_1 项后 Sig. ＝0.000，$p < 0.01$），施肥方法 3 平均产量显著高于施肥方法 1、2、4、5 平均产量。施肥方法 1 平均产量显著高于施肥方法 2、4、5，施肥方法 4 和施肥方法 5 平均产量差异不显著，但施肥方法 4 和施肥方法 5 平均产量显著高于施肥方法 2 平均产量。

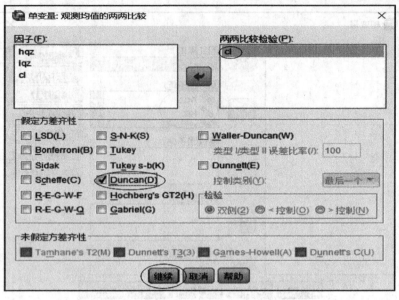

图 4-2 (e)　选择比较的因素和平均数的比较方法

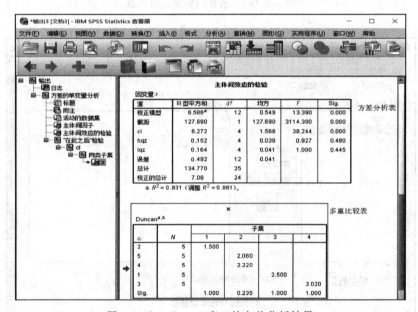

图 4-2 (f)　Output 窗口的方差分析结果

第三节　交叉设计与 SPSS 应用

一、交叉设计概念

1. 概念

交叉设计亦称反转试验设计，常在大动物、人类医学、心理学等试验中应用，在这类试验中，想要选择在遗传、生理及生产性能上完全一样的供试单元（供试动物）有时是很困难的，因而往往在试验单元上存在系统误差。前面我们用区组化把试验空间中的系统误差剔除出来，以保证试验的准确度和精确度。交叉设计的目的是消除试验单元的系统误差对试验的影响，用以比较多个处理的平均数是否一致。将试验分期进行。现仅就两个总体平均数的比较方法进行介绍。

2. 特点

交叉设计的特点如下所示。

（1）特别适用于来源较困难的大动物。

（2）节省试验动物。

（3）可以较好地消除试验动物个体之间的差异对试验结果的影响。

二、设计方法（单因素试验）

将条件一致的若干试验动物随机分成头数相等的两个群组，对于每个群组每头动物使其在不同时期接受不同处理。

1. 2×2 交叉设计（两个处理两个时期）

2×2 交叉设计见表 4-5（a）。

表 4-5 （a）　2×2 交叉设计表

群别	动物编号	时期				$d_{ij}=x_{ij1}-x_{ij2}$
		C_1		C_2		
1	11	处理 A_1	x_{111}	对照 A_2	x_{112}	d_{11}
	12		x_{121}		x_{122}	d_{12}
	$\vdots$		$\vdots$		$\vdots$	$\vdots$
	$1n$		x_{1n1}		x_{1n2}	d_{1n}
2	21	对照 A_2	x_{211}	处理 A_1	x_{212}	d_{21}
	22		x_{221}		x_{222}	d_{22}
	$\vdots$		$\vdots$		$\vdots$	$\vdots$
	$2n$		x_{2n1}		x_{2n2}	d_{2n}

2. 2×3 交叉设计（两个处理三个时期）

2×3 交叉设计见表 4-5（b）。

表 4-5 （b）　2×3 交叉设计

群别	时期			$d_{ij}=C_1-2C_2+C_3$
	C_1	C_2	C_3	
1	处理 A_1	对照 A_2	处理 A_1	d_1
2	对照 A_2	处理 A_1	对照 A_2	d_2

三、统计分析方法

平方和与自由度划分式为

$$SS_T=SS_A+SS_e, df_T=df_A+df_e$$

将 d_{11}，$\cdots$，d_{1n} 看成来自一总体的样本，将 d_{21}，$\cdots$，d_{2n} 看成来自另一总体的样本，

进行总体平均数的比较。

1. 2×2 交叉设计

（1）计算各群各动物的差值 $d_{ij} = (C_1 - C_2)$；

（2）对差值 d_{ij} 按单因素二水平进行方差分析。

2. 2×3 交叉设计

（1）计算各群各动物的差值 $d_{ij} = (C_1 - 2C_2 + C_3)$；

（2）对差值 d_{ij} 按单因素二水平进行方差分析，试验数据见表 4-5（c）。

表 4-5（c）　2×3 交叉设计资料统计分析表

群别	动物编号	C_1	C_2	C_3	d_{ij}	合 $d_i.$
		A_1	A_2	A_1	$C_1 - 2C_2 + C_3$	
1	B_{11}	x_{111}	x_{112}	x_{113}	d_{11}	
	B_{12}	x_{121}	x_{122}	x_{123}	d_{12}	$d_1.$
	$\vdots$	$\vdots$	$\vdots$	$\vdots$	$\vdots$	
		A_2	A_1	A_2		
2	B_{21}	x_{211}	x_{212}	x_{213}	d_{21}	
	B_{22}	x_{221}	x_{222}	x_{223}	d_{22}	$d_2.$
	$\vdots$	$\vdots$	$\vdots$	$\vdots$	$\vdots$	
	总和					$d..$

设处理数为 k，每组动物数为 n：

平方和与自由度计算：

$$C = \frac{d^2..}{kn}$$

$$SS_T = \sum d_{ij}^2 - C, \qquad df_T = kn - 1$$

$$SS_A = \frac{1}{n}\sum d_i^2. - C, \qquad df_A = k - 1$$

$$SS_e = SS_T - SS_A, \qquad df_e = df_T - df_A \tag{4-4}$$

【例 4-3】 为了研究饲料新配方对奶牛产奶量的影响，设置对照饲料 A_1 和新饲料配方 A_2 两个处理，选择条件相近的奶牛 10 头，随机分为 B_1、B_2 两组，每组 5 头，预试期 1 周。试验分为 C_1、C_2 两期，每期两周，按 2×2 交叉设计进行试验。试验结果列于表 4-6。试检验新饲料配方对提高产奶量有无效果。

表 4-6　试验数据

组别	处理编号	C_1	C_2	$d = C_1 - C_2$
		A_1	A_2	
	B_{11}	13.8	15.5	−1.7
	B_{12}	16.2	18.4	−2.2
B_1 组	B_{13}	13.5	16.0	−2.5
	B_{14}	12.8	15.8	−3.0
	B_{15}	12.5	14.5	−2.0

组别	处理编号	C_1 A_1 A_2	C_2 A_2 A_1	$d=C_1-C_2$
	B_{21}	14.3	13.5	0.8
	B_{22}	20.2	15.4	4.8
B_2 组	B_{23}	18.6	14.3	4.3
	B_{24}	17.5	15.2	2.3
	B_{25}	14.0	13.0	1.0

使用 SPSS 对【例 4-3】进行方差分析

首先运行 SPSS，SPSS 的数据格式、操作方法和统计结果见图 4-3（a）～图 4-3（c）。

图 4-3（a） 试验数据格式与运行方差分析

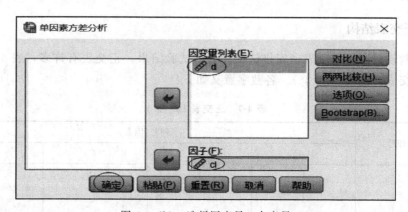

图 4-3（b） 选择因变量、自变量

由图 4-3（c）方差分析可知：处理、对照平均产奶量差异极显著（Sig＝0.000）。

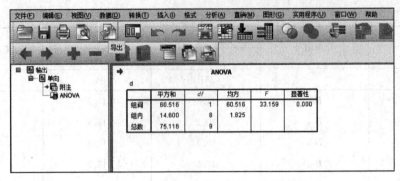

图 4-3（c）　Output 窗口的方差分析结果

第四节　正交试验设计与 SPSS 应用

一、正交试验设计的概念和特点

（一）正交试验设计的概念

正交试验设计又称正交设计或多因素优选设计，是一种合理安排、科学分析各试验因素的有效的数理统计方法。它借助一种规格化的"正交表"，从众多的试验条件中选出若干个代表性较强的试验条件，科学地安排试验，然后对试验结果进行综合比较、统计分析，探求各因素水平的最佳组合，从而得到最优或较优的试验方案。

（二）正交试验设计的特点

用部分水平组合试验代替全部水平组合试验，设计重点是安排试验点，试验目的主要是挑选最优水平组合（最佳配方、最佳工艺条件等）或重要因素，减少试验的盲目性，避免试验浪费等。

二、正交表

（一）正交表结构

正交试验设计利用正交表来安排试验和分析试验结果。正交表有许多，表 4-7 是一张 9 行 4 列的正交表，记为 L_9（3^4）。各数字意义如下：

表 4-7　正交表 L_9（3^4）

试验号（处理号）	列号（因素）			
	1(A)	2(B)	3(C)	4(D)
1	1	1	1	1
2	1	2	2	2
3	1	3	3	3
4	2	1	2	3
5	2	2	3	1

试验号（处理号）	列号（因素）			
	1(A)	2(B)	3(C)	4(D)
6	2	3	1	2
7	3	1	3	2
8	3	2	1	3
9	3	3	2	1

（二）正交表的类别

（1）相同水平正交表：如 L_9 (3^4)、L_8 (2^7)。

（2）混合水平正交表：如 L_{16} $(4^3 \times 2^4)$。

三、正交设计方法

（一）根据因素与水平数选用正交表

所选正交表必须满足以下条件：①对等水平试验，所选正交表的水平数与试验因素的水平应一致，正交表的列数应大于或等于因素及所要考察交互作用所占的列数；②对于不等水平的试验，所选混合型正交表的某一水平的列数应大于或等于相应水平的因素个数。

正交表选用原则：表中每列水平数＝该列安排因素的水平数；表的列数≥安排因素的个数。

（二）作表头设计

把各因素分别放在选用的正交表的表头适当列上。

（1）若不考虑因素间的交互作用，则每个因素任意占一列即可；

（2）若考虑因素间的交互作用或防止效应的混杂，则应根据正交表的使用表，把因素放在正交表的适当列上。

（三）列出试验方案

在表头设计的基础上，将所选正交表中各列的不同水平数字换成对应各因素相应水平值，便形成了试验方案。

四、正交试验资料统计分析方法

（一）无重复正交试验资料

设：因素 A、B、C 水平重复数分别为 k_A、k_B、k_C；

因素 A、B、C 水平重复数分别为 a、b、c；

试验次数（正交表的行数）为 n。

1. 平方和与自由度的划分式

$$SS_T = SS_A + SS_B + SS_C + SS_e$$
$$df_T = df_A + df_B + df_C + df_e \tag{4-5}$$

假定 A、B、C 水平数均为 3，选用 L_9 (3^4) 正交表。

2. 无重复正交试验结果数据整理（见表 4-8）

表 4-8 L₉（3⁴）无重复试验结果基本计算表

表 4-8 $L_9(3^4)$ 无重复试验结果基本计算表

试验号（处理号）	列号（因素）				试验指标 x_i
	1(A)	2(B)	3(C)	4(空)	
1	1	1	1	1	x_1
2	1	2	2	2	x_2
3	1	3	3	3	x_3
4	2	1	2	3	x_4
5	2	2	3	1	x_5
6	2	3	1	2	x_6
7	3	1	3	2	x_7
8	3	2	1	3	x_8
9	3	3	2	1	x_9
T_1	T_{A1}	T_{B1}	T_{C1}		
T_2	T_{A2}	T_{B2}	T_{C2}		T
T_3	T_{A3}	T_{B3}	T_{C3}		
$\overline{x}_1$	$\overline{x}_{A1}$	$\overline{x}_{B1}$	$\overline{x}_{C1}$		
$\overline{x}_2$	$\overline{x}_{A2}$	$\overline{x}_{B2}$	$\overline{x}_{C2}$		$\overline{X}$
$\overline{x}_3$	$\overline{x}_{A3}$	$\overline{x}_{B3}$	$\overline{x}_{C3}$		

当然，把 A、B、C 分别放在 $L_9(3^4)$ 的其他列也是可以的，即空白列不一定是第 4 列。因此，A、B、C 在 $L_9(3^4)$ 中的不同摆法就有不同的表头设计，不同的表头设计就有不同的试验方案。尽管如此，实践证明这不会影响最终的分析结果，即各因子和交互作用所起影响的大小以及最优组合的选取是基本一致的。

3. 平方和与自由度的计算

$C = T^2/n$

$$SS_T = \sum x^2 - C, \qquad\qquad df_T = n-1$$

$$SS_A = \frac{1}{a}\sum T_{Ai}^2 - C, \qquad\qquad df_A = k_A - 1$$

$$SS_B = \frac{1}{b}\sum T_{Bi}^2 - C, \qquad\qquad df_B = k_B - 1$$

$$SS_C = \frac{1}{c}\sum T_{Ci}^2 - C, \qquad\qquad df_C = k_C - 1$$

$$SS_e = SS_T - SS_A - SS_B - SS_C, \qquad\qquad df_e = df_T - df_A - df_B - df_C$$

4. f 检验

计算 f_A、f_B、f_C，以 MS_e 为分母。

【例 4-4】 茶叶中含有大量的色素，有绿色、红色、黄色、橙色等，是理想的天然染色剂。茶色素作为染色剂，探讨温度（A）：40℃、50℃、60℃，时间（B）：20min、30min、40min，固色剂用量（C）：2%、3%、4%，对染纸效果（上染率、色差值和褪色率）的影响，从而获得茶色素染纸的最佳工艺条件，试采用正交设计安排一个试验方案。正交设计见表 4-9。

根据表 4-7，1 号试验处理是 $A_1B_1C_1$，温度 40℃、时间 20min、固色剂用量 2%；2 号试验处理 $A_1B_2C_2$，即温度 40℃、时间 30min、固色剂用量 3%；…；9 号试验处理为 $A_3B_3C_2$，即温度 60℃、时间 40min、固色剂用量 4%。试验结果见表 4-10。

表 4-9　正交试验方案

试验号	因素		
	A	B	C
	1	2	3
1	1(40℃)	1(20min)	1(2%)
2	1(40℃)	2(30min)	2(3%)
3	1(40℃)	3(40min)	3(4%)
4	2(50℃)	1(20min)	2(3%)
5	2(50℃)	2(30min)	3(4%)
6	2(50℃)	3(40min)	1(2%)
7	3(60℃)	1(20min)	3(4%)
8	3(60℃)	2(30min)	1(2%)
9	3(60℃)	3(40min)	2(3%)

表 4-10　正交试验结果表

试验号	因素			液化率%
	A	B	C	X
1	1	1	1	1
2	1	2	2	17
3	1	3	3	24
4	2	1	2	12
5	2	2	3	47
6	2	3	1	28
7	3	1	3	1
8	3	2	1	18
9	3	3	2	42
T_1	41	13	46	
T_2	87	82	71	
T_3	61	94	72	
$\overline{x}_1$	13.7	4.3	15.3	
$\overline{x}_2$	29.0	27.3	23.7	
$\overline{x}_3$	20.3	31.3	24.0	
极差 R	15.3	27.0	8.7	
主次顺序		$B > A > C$		
优水平	A_2	B_3	C_3	
优组合		$A_2 B_3 C_3$		

由表 4-10 试验数据得出以下两点。

(1) 因素水平的不同造成试验指标的变异 $R = \max (\overline{x}_i - \overline{x}_j)$ 因为

$$R_A = 29.0 - 13.7 = 15.3, R_B = 31.3 - 4.3 = 27, R_C = 24.0 - 15.3 = 8.7$$

对试验指标影响大小因素的排序是 B、C、A，因此，考虑次序也是 B、C、A。如果希望试验指标大，优化搭配是 $A_2 B_3 C_3$。

(2) 因素水平不同时，平均数是否一致，进行方差分析，见表 4-11。

表 4-11　方差分析表

变异来源	SS	d_f	MS	F	$F_{0.05(2,2)}$
品种(A)	354.667	2	177.333	1.02	17
密度(B)	1274.000	2	637.000	3.65	
施氮量(C)	144.667	2	72.333	<1	
误差	348.667	2	174.333		
总变异	2122.000	8			

使用 SPSS 对【例 4-4】进行方差分析。

首先运行 SPSS，SPSS 的数据格式、操作方法和统计结果见图 4-4（a）～图 4-4（e）。

图 4-4（a）　数据格式

图 4-4（b）　运行方差分析

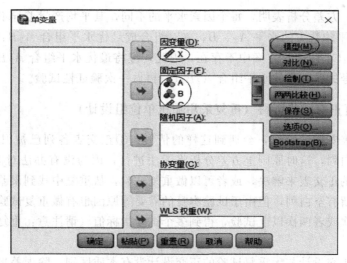

图 4-4（c） 选择处理号和试验数据

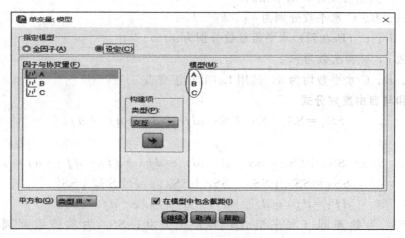

图 4-4（d） 选择模型

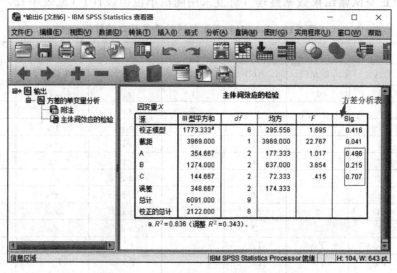

图 4-4（e） Output 窗口的方差分析结果

由图 4-4（e）方差分析表明，每个因素水平的不同，其平均产量差异不显著。此时，可从表 4-10 中选择平均数大的水平 A_2、B_3、C_3 组合成最优水平组合 $A_2B_3C_3$，所得到的最优水平组合 $A_2B_3C_3$ 在试验方案中不存在，因此，应将最优水平组合 $A_2B_3C_3$ 与试验方案中产量最高第 5 号试验处理的水平组合 $A_2B_2C_3$ 再做一次验证性试验。

（二）有重复正交试验资料（重复采用随机单位组设计）

在使用正交表安排试验时，会遇到这样的情形：①正交表各列已被因子和交互作用占满，没有剩下空白列，这时原则上方差分析将无法进行，因为没有办法对误差项做出评估，这时应选择更大的正交表来解决，或者可以做重复试验，从重复中找到误差项的估计；②有时表头设计中虽留有空白列，但由于试验本身的需要等原因也有做重复试验的，即让同样的水平组合重复两次或者两次以上试验，得到多个试验指标值（请注意：重复试验不是重复测量或重复取样）。

重复试验的正交设计与无重复试验的正交设计没有本质区别，除误差平方和、自由度的计算有所不同，其余各项计算基本相同。

设因素 A、B、C 水平数分别为 k_A、k_B、k_C；

因素 A、B、C（所在列）水平重复数分别为 a、b、c；

单位组数 r，试验次数为 r_n。

假定 A、B、C 水平数均为 3，选用 $L_9(3^4)$ 正交表。

1. 平方和与自由度划分式

$$SS_T = SS_t + SS_r + SS_e, df_T = df_t + df_r + df_e$$

而

$$SS_t = SS_A + SS_B + SS_C + SS_{A \times B \times C}, df_t = df_A + df_B + df_C + df_{A \times B \times C}$$

$$SS_T = SS_A + SS_B + SS_C + SS_{A \times B \times C} + SS_r + SS_e \tag{4-6}$$

$$df_T = df_A + df_B + df_C + df_{A \times B \times C} + df_r + df_e$$

式中，SS_t 为处理间（水平组合）离差平方和；SS_r 为单位组间离差平方和；$SS_{A \times B \times C}$ 为交互作用平方和；SS_e 为试验误差平方和。

2. 有重复正交试验结果数据整理（重复采用随机单位组设计）（见表 4-12）

表 4-12　$L_9(3^4)$ 有重复试验结果基本计算表

试验号	列号（因素）				试验指标 x_{ij}		处理总和 T_i.
	1(A)	2(B)	3(C)	4(空)	单位组 1	单位组 2	
1	1	1	1	1	x_{11}	x_{12}	T_1·
2	1	2	2	2	x_{21}	x_{22}	T_2·
3	1	3	3	3	x_{31}	x_{32}	T_3·
4	2	1	2	2	x_{41}	x_{41}	T_4·
5	2	2	3	3	x_{51}	x_{52}	T_5·
6	2	3	1	2	x_{61}	x_{62}	T_6·
7	3	1	3	2	x_{71}	x_{72}	T_7·
8	3	2	1	3	x_{81}	x_{82}	T_8·
9	3	3	2	2	x_{91}	x_{92}	T_9·
T_1	T_{A1}	T_{B1}	T_{C1}		单位组总和		
T_2	T_{A2}	T_{B2}	T_{C2}		T·$_1$	T·$_2$	T
T_3	T_{A3}	T_{B3}	T_{C3}				

试验号	列号（因素）				试验指标 x_{ij}		处理总和 $T_i.$
	1(A)	2(B)	3(C)	4(空)	单位组 1	单位组 2	
$\bar{x}_1$	$\bar{x}_{A1}$	$\bar{x}_{B1}$	$\bar{x}_{C1}$				
$\bar{x}_2$	$\bar{x}_{A2}$	$\bar{x}_{B2}$	$\bar{x}_{C2}$				
$\bar{x}_3$	$\bar{x}_{A3}$	$\bar{x}_{B3}$	$\bar{x}_{C3}$				

3. 平方和与自由度的计算

$$C = T^2/(rn)$$

$$SS_T = \sum x^2 - C$$

$$SS_t = \frac{\sum_{i=1}^{n} T_{i.}^2}{r} - C$$

$$SS_r = \frac{\sum_{j=1}^{r} T_{.j}^2}{n} - C$$

$$SS_A = \frac{\sum T_A^2}{ar} - C$$

$$SS_B = \frac{\sum T_B^2}{br} - C$$

$$SS_C = \frac{\sum T_C^2}{cr} - C$$

$$SS_{A\times B\times C} = SS_t - SS_A - SS_B - SS_C, \quad df_{A\times B\times C} = df_t - df_A - df_B - df_C$$
$$SS_e = SS_T - SS_t - SS_r, \quad df_e = df_T - df_t - df_r \tag{4-7}$$

注意：对于有重复，但重复采用完全随机化设计的正交试验，在变异部分中则不含有单位组项（SS_r、df_r）。

4. F 检验

（1）首先用 $F = MS_{A\times B\times C}/MS_e$ 检验交互作用是否显著，若交互作用不显著，则由因素 F 值的大小，确定因素的重要性，从而估计优化搭配。

（2）若交互作用显著，则将交互看成因素，依重要程度作出判断。

【例 4-5】 在粒粒橙果汁饮料生产中，脱囊衣处理是关键工艺。为寻找酸碱两步处理法的最优工艺条件，安排四因素四水平正交试验。

试验因素表

水平	试验因素			
	NaOH/%	$Na_5P_3O_{10}$/%	处理时间/min	处理温度/℃
	A	B	C	D
1	0.3	0.2	1	30
2	0.4	0.3	2	40
3	0.5	0.4	3	50
4	0.6	0.5	4	60

为了提高试验的可靠性，每个处理的试验重复 3 次。试验指标是脱囊衣质量，根据囊衣是否脱彻底、破坏率高低、汁胞饱满度等感官指标综合评分，满分为 10 分。试验方案及试验结果见表 4-13。

表 4-13 酸碱二步处理法的最优工艺条件 NaOH、$Na_5P_3O_{10}$、
处理时间、处理温度正交试验方案及结果计算表

表头设计	A	B	C	D	空列	试验指标			
处理号	1	2	3	4	5	Ⅰ	Ⅱ	Ⅲ	和
1	1	1	1	1	1	2	2	3	7
2	1	2	2	2	2	4	4.5	4	12.5
3	1	3	3	3	3	5.5	6	6	17.5
4	1	4	4	4	4	6	6.5	6.7	19.2
5	2	4	3	2	1	6.3	6.5	6.7	19.5
6	2	3	4	1	2	6.4	4.8	4.6	15.8
7	2	2	1	4	3	7	7.4	7.2	21.6
8	2	1	2	3	4	8.5	9	9	26.5
9	3	2	4	3	1	7	8.1	7.3	22.4
10	3	1	3	4	2	10.4	10.5	9.9	30.8
11	3	4	2	1	3	6.5	6.3	4.1	16.9
12	3	3	1	2	4	7	7.3	7.1	21.4
13	4	3	2	4	1	5.1	4.5	6.7	16.3
14	4	4	1	3	2	6	6.5	6.7	19.2
15	4	1	4	2	3	8.5	6.2	6.1	20.8
16	4	2	3	1	4	7	6.5	6.9	20.4

由表 4-13 可得：如果没有交互作用，3 因素的重要程度排序是 $A(R=2.69)$、$B(R=2.09)$、$C(R=1.96)$、$D(R=1.25)$，$A_3B_4C_3D_3$ 搭配最佳，但 $\overline{x}_{D3}$ 与 $\overline{x}_{D4}$ 的差很小（0.20），所以 $A_3B_4C_3D_3$ 和 $A_3B_4C_3D_4$ 再进行试验比较之，找出最优。

对于有重复，且重复采用随机区组设计的正交试验，总变异可以划分为处理间、单位组间和误差变异 3 部分，而处理间变异可进一步划分为 A 因素、B 因素、C 因素与交互 4 部分。此时，总平方和与自由度可分解为

$$SS_T = SS_t + SS_r + SS_e, df_T = df_t + df_r + df_e$$

而

$$SS_t = SS_A + SS_B + SS_C + SS_{A \times B \times C}, df_t = df_A + df_B + df_C + df_{A \times B \times C}$$

于是

$$SS_T = SS_A + SS_B + SS_C + SS_r + SS_{A \times B \times C} + SS_e$$
$$df_T = df_A + df_B + df_C + df_r + df_{A \times B \times C} + df_e$$

式中，SS_r 为区组间离差平方和；$SS_{A\times B\times C}$ 为交互作用平方和；SS_e 为试验误差平方和；SS_t 为处理间平方和；df_r、$df_{A\times B\times C}$、df_e、df_t 为相应自由度。

注意，对于重复采用完全随机设计的正交试验，在平方和与自由度分解式中无区组间平方和与自由度 SS_r、df_r 项。

由表 4-13 可得方差分析表（见表 4-14）。

表 4-14　有重复观测值正交试验结果方差分析表

变异来源	SS	df	MS	F	$F_{0.05}$	$F_{0.01}$
A	56.99	3	19.00			
B	20.93	3	6.98			
C	40.52	3	13.51			
D	17.56	3	5.85			
区组	0.045	2	0.023			
交互	8.87	3	2.96			
试验误差	14.61	30	0.49			
总计	159.53	47				

交互表示的是 A、B、C、D 的交互作用，交互作用极显著，因此在选择优化搭配上要进一步探讨，因为对试验指标有影响依次是 A、B、C、D 和交互作用，要考虑因素的交互作用的重要程度的次序，找出最佳，否则找出的搭配不一定是最佳的（对于此问题可根据试验数据求得回归方程，由回归方程求得最大值点，找出最佳搭配，见响应面试验设计与分析章节）。

现使用 SPSS 对【例 4-5】进行方差分析。

首先运行 SPSS，SPSS 的数据格式、操作方法和统计结果见图 4-5（a）～图 4-5（e）。

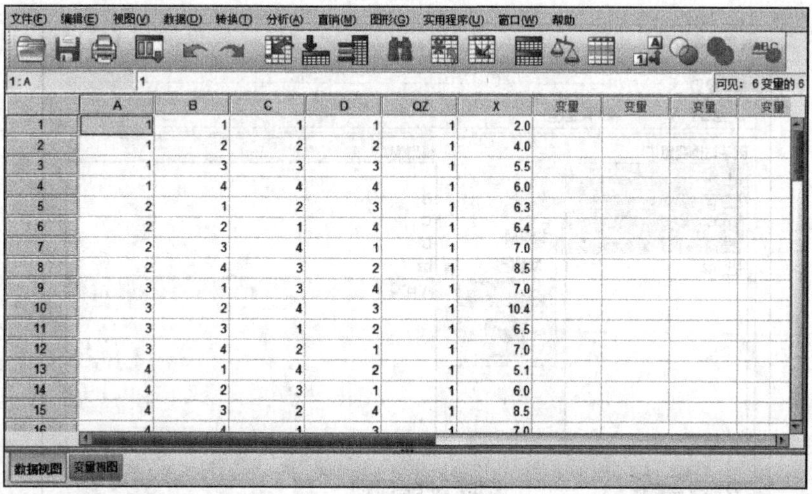

图 4-5（a）　数据格式

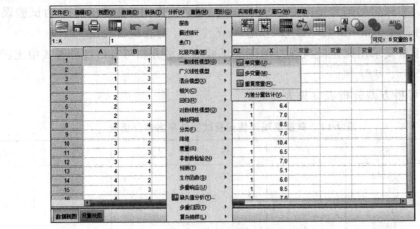

图 4-5 （b） 运行方差分析

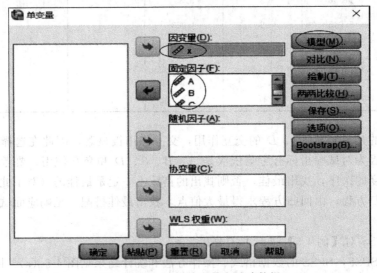

图 4-5 （c） 选择处理号和试验数据

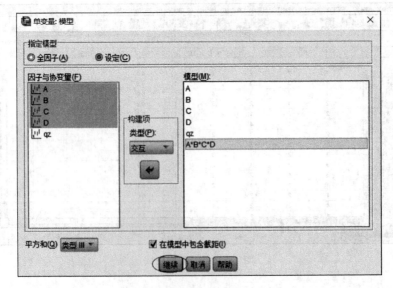

图 4-5 （d） 选择模型

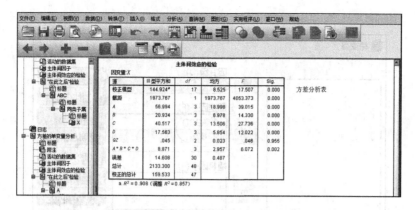

图 4-5 （e） Output 窗口的方差分析结果

由图 4-5 （e） 的方差分析表表明，交互作用极显著，可进行不同搭配平均数的比较见图 4-5 （f）～图 4-5 （j）。

图 4-5 （f） 数据格式

图 4-5 （g） 运行方差分析

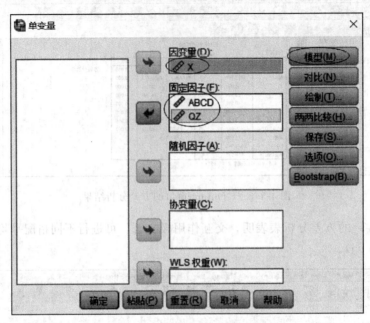

图 4-5 （h） 选择因变量和试验数据

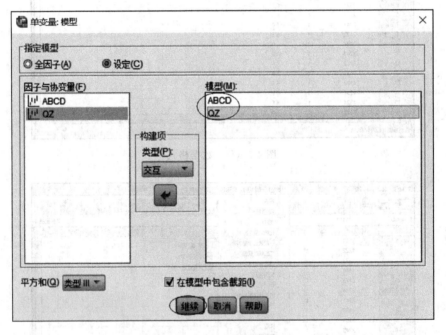

图 4-5 （i） 选择模型

由图 4-5 （k）的多重比较表可知，3243 搭配平均产量显著高于其他搭配的平均产量。

注意，以上只是比较了已做几个搭配试验的平均数。采用回归分析可估计出最佳搭配。

图 4-5（j） 选择多重比较变量及方法

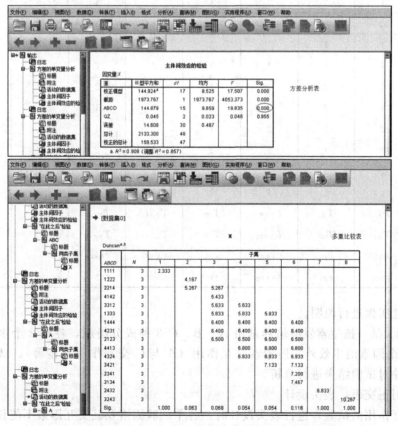

图 4-5（k） Output 窗口的方差分析与多重比较结果

（三）因素间有交互作用的正交设计与分析

在多因素对比试验中，某些因子对试验指标的影响往往具有相互制约、相互联系的现象。这样，在处理多因素对比试验时，就不仅需要分别研究各因子水平的改变对试验指标的影响，而且需要考虑这些因子各水平间如何搭配的问题，这正是因子间的交互作用效应。

在正交试验中由于正交表的正交性，考察因素间交互作用可以像考虑主因素一样地进行，若因素 A 与因素 B 之间的交互作用视为 $A \times B$，在 A、B 用正交表中确定的列代表的条件下，$A \times B$ 可以像 A、B 一样用正交表的其他的列代表，但列的位置不能任意选择，而用交互作用列表来确定，当交互作用所在列确定之后，分析时可以将交互作用与主因素同等对待，并作出方差分析。

以 3 因素为例进行说明。

1. 平方和与自由度划分式

$$SS_T = SS_A + SS_B + SS_C + SS_{A \times B} + SS_{A \times C} + SS_{B \times C} + SS_e$$

$$df_T = df_A + df_B + df_C + df_{A \times B} + df_{A \times C} + df_{B \times C} + df_e \tag{4-8}$$

2. 有交互作用正交试验结果数据（见表 4-15）

表 4-15　$L_8(2^7)$ 有交互作用（无重复）的试验结果基本计算表

试验号	列号（因素）							试验指标 x_i
	1	2	3	4	5	6	7	
	A	B	$A \times B$	C	$A \times C$	$B \times C$	空	
1	1	1	1	1	1	1	1	x_1
2	1	1	1	2	2	2	2	x_2
3	1	2	2	1	1	2	2	x_3
4	1	2	2	2	2	1	1	x_4
5	2	1	2	1	2	1	2	x_5
6	2	1	2	2	1	2	1	x_6
7	2	2	1	1	2	2	1	x_7
8	2	2	1	2	1	1	2	x_8
T_1	T_{A1}	T_{B1}	$T_{A \times B1}$	T_{C1}	$T_{A \times C1}$	$T_{B \times C1}$		
T_2	T_{A2}	T_{B2}	$T_{A \times B2}$	T_{C2}	$T_{A \times C2}$	$T_{B \times C2}$		T
$\overline{x}_1$	$\overline{x}_{A1}$	$\overline{x}_{B1}$	$\overline{x}_{A \times B1}$	$\overline{x}_{C1}$	$\overline{x}_{A \times C1}$	$\overline{x}_{B \times C1}$		
$\overline{x}_2$	$\overline{x}_{A2}$	$\overline{x}_{B2}$	$\overline{x}_{A \times B2}$	$\overline{x}_{C2}$	$\overline{x}_{A \times C2}$	$\overline{x}_{B \times C2}$		$\overline{x}$

下面通过实例进行说明。

【例 4-6】 某一抗生素发酵培养基由 A、B、C 3 种成分组成，各有 2 个水平，除考察 A、B、C 3 个因素的主效外，还考察交互作用（A 与 C 交互作用不显著）。试安排一个正交试验方案并对试验结果进行分析。

（1）选用正交表，表头设计

具有交互作用的试验，进行表头设计时，各个试验因素及其交互因素不能任意安排，必须严格按照相应正交表的交互作用列表来安排因素。由于本试验有 3 个两水平的因素和 3 个交互作用需要考察，因此可选用正交表 $L_8(2^7)$ 来安排试验方案。

正交表 $L_8(2^7)$ 中有基本列和交互列之分，基本列就是各因素所占的列，交互列为两因素交互作用所占的列。利用 $L_8(2^7)$ 两列间交互作用列表（见表 4-16）来安排各因素和交互作用。

表 4-16　L_8（2^7）二列间交互作用列表

列号	1	2	3	4	5	6	7
1	(1)	3	2	5	4	7	6
2		(2)	1	6	7	4	5
3			(3)	7	6	5	4
4				(4)	1	2	3
5					(5)	3	2
6						(6)	1

如果将 A 因素放在第 1 列，B 因素放在第 2 列，查表第 1 列（A 因素所在列）与第 2 列（B 因素所在列）的交互作用列是第 3 列，于是将 A 与 B 的交互作用 $A \times B$ 放在第 3 列，这样第 3 列不能再安排其他因素，然后将 C 列放在第 4 列。查表 4-16 中第 2 列（B 因素所在列）与第 4 列（C 因素所在列）的交互作用列是第 6 列，于是将 B 与 C 的交互作用 $B \times C$ 放在第 6 列，A 与 C 的交互作用 $A \times C$ 放在第 6 列，余下列为空列，如此可得表头设计，见表 4-17。

表 4-17　表头设计

列号	1	2	3	4	5	6	7
因素	A	B	$A \times B$	C	$A \times C$	$B \times C$	空

（2）列出试验方案

根据表头设计，得出试验方案列于表 4-18。

表 4-18　试验方案表

试验号	因素			试验数据 x
	1(A)	2(B)	3(C)	
1	1(A_1)	1(B_1)	1(C_1)	
2	1(A_1)	1(B_1)	2(C_2)	
3	1(A_1)	2(B_2)	1(C_1)	
4	1(A_1)	2(B_2)	2(C_2)	
5	2(A_2)	1(B_1)	1(C_1)	
6	2(A_2)	1(B_1)	2(C_2)	
7	2(A_2)	2(B_2)	1(C_1)	
8	2(A_2)	2(B_2)	2(C_2)	

（3）结果分析

按表 4-18 所列的试验方案进行试验，其结果见表 4-19。

表 4-19　有交互作用正交试验结果计算表

试验号	因素					试验结果/%
	A	B	$A \times B$	C	$B \times C$	
1	1	1	1	1	1	$28(x_1)$
2	1	1	1	2	2	$19(x_2)$
3	1	2	2	1	2	$48(x_3)$
4	1	2	2	2	1	$44(x_4)$
5	2	1	2	1	1	$61(x_5)$
6	2	1	2	2	2	$62(x_6)$
7	2	2	1	1	2	$40(x_7)$
8	2	2	1	2	1	$30(x_8)$
T_1	139	170	117	177	163	$333(T)$
T_2	193	162	215	155	169	
$\overline{x_1}$	34.75	42.50	29.25	44.25	40.75	
$\overline{x_2}$	48.25	40.50	53.75	38.75	42.25	

由表 4-19 可看出，因素主要程度的排序是：$A \times B (R=24.50)$、$A(R=13.50)$、$C(R=5.50)$、$B(R=2.00)$、$B \times C(R=1.50)$，如果是求最大值，$\overline{x}_{2(A \times B)}$ 大，所以 A 取 2、B 取 1（21 的平均数大于 12 的平均数）；A 取 2；C 取 1；最佳搭配是 $A_2 B_1 C_1$，最后可将 $A_2 B_1 C_1$、$A_2 B_1 C_2$ 各进行一次验证性试验，确定最佳。

下面进行方差分析（见表 4-20）。

表 4-20　方差分析表

变异来源	SS	df	MS	F	$F_{0.05}$	$F_{0.01}$
A	364.500	1	364.500	21.441*	15.98	85.01
B	8.000	1	8.000	0.471		
C	60.500	1	60.500	3.559		
$A \times B$	1200.500	1	1200.500	70.618*		
$B \times C$	4.500	1	4.500	0.265		
误差	34.500	2	17.000			
总变异	1672.000	7				

此例为单个观测值正交试验，总变异划分为 A 因素、B 因素、C 因素、$A \times B$、$A \times C$ 与误差变异 5 部分，平方和与自由度的分解式为

$$SS_T = SS_A + SS_B + SS_C + SS_{A \times B} + SS_{B \times C} + SS_e$$
$$df_T = df_A + df_B + df_C + df_{A \times B} + df_{B \times C} + df_e \tag{4-9}$$

列出方差分析表（见表 4-20），进行 F 检验。

F 检验结果表明：A 因素和交互作用 $A \times B$ 显著，B、C 因素及 $B \times C$ 交互作用不显著。因交互作用 $A \times B$ 显著，对 $A \times B$ 的水平组合进行多重比较，以选出 A 与 B 的最优水平组合。

列出 A、B 因素各水平组合平均数多重比较表，见表 4-21。

表 4-21　A、B 因素各水平组合平均数的多重比较表（SSR 法）

水平组合	平均数 $\bar{x}_{ij}$	$\bar{x}_{ij}-23.50$	$\bar{x}_{ij}-35.00$	$\bar{x}_{ij}-46.00$
A_2B_1	61.50	38.00	26.50	15.50
A_1B_2	46.00	22.50	11.00	
A_2B_2	35.00	11.5		
A_1B_1	23.50			

因为，$S_{\bar{x}}=\sqrt{MS_e/2}=\sqrt{17/2}=2.915$，由 $df_e=2$ 与 $k=2$，3，4 查临界 SSR 值，并计算出 LSR 值列于表 4-22。

表 4-22　SSR 值与 LSR 值表

df_e	k	$SSR_{0.05}$	$SSR_{0.01}$	$LSR_{0.05}$	$LSR_{0.01}$
2	2	6.09	14.0	32.70	75.18
	3	6.09	14.0	32.70	75.18
	4	6.09	14.0	32.70	75.18

多重比较结果表明，A_2B_1 极显著优于 A_1B_1，显著优于 A_2B_2；A_1B_2 显著优于 A_1B_1，其余差异不显著。最优水平组合为 A_2B_1。

从以上分析可知，A 因素 A_2，B 因素取 B_1，若 C 因素取 C_1，则本次试验结果的最优水平组合为 $A_2B_1C_1$。若 C 因素取 C_2，则本次试验结果的最优水平组合为 $A_2B_1C_2$。

注意，此例因 $df_e=2$，F 检验与多重比较的灵敏度低。为了提高检验的灵敏度，可将 $F<1$ 的 SS_B、df_B，$SS_{B\times C}$、$df_{B\times C}$ 合并到 SS_e、df_e 中，得到合并的误差方差分析表（表 4-20），再用合并误差均方进行 F 检验与多重比较（见表 4-21）。

合并误差的多重比较表结果（列于表 4-21 的括号内）表明，A_2B_1 平均数极显著优于 A_1B_1、A_2B_2、A_1B_2 平均数，A_2B_1 为最优水平组合。

使用 SPSS 对【例 4-6】进行方差分析。

首先运行 SPSS，SPSS 的数据格式、操作方法和统计结果见图 4-6（a）～图 4-6（e）。

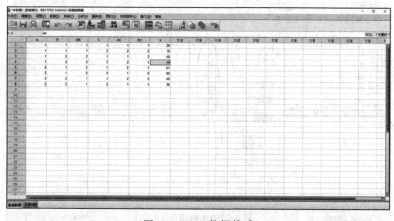

图 4-6（a）　数据格式

由图 4-6（e）的方差分析表知，对影响不显著的是 $A\times C$（Sig=0.808 最大），将 $A\times C$ 去掉，即在 SPSS 变量选择时，不选 AC，再进行方差分析，见图 4-6（f）～图 4-6（g）。

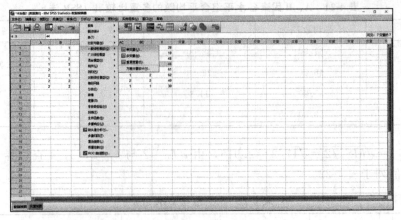

图 4-6 （b） 运行方差分析

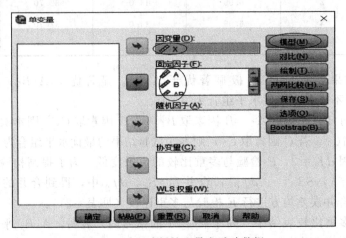

图 4-6 （c） 选择处理号和试验数据

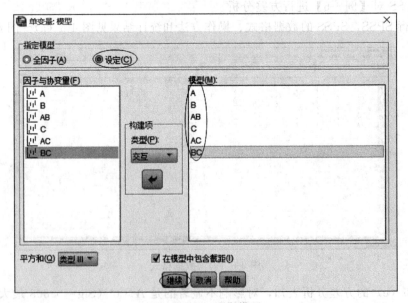

图 4-6 （d） 选择模型

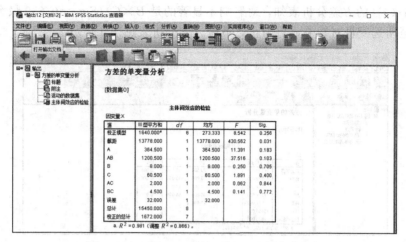

图 4-6（e）　Output 窗口的方差分析结果（1）

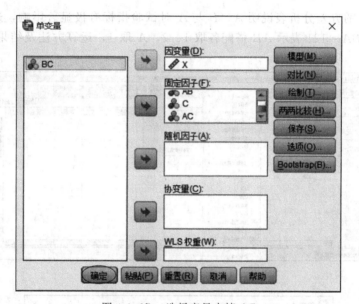

图 4-6（f）　选择变量去掉 AC

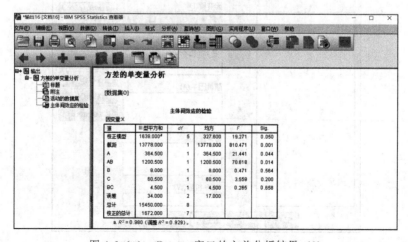

图 4-6（g）　Output 窗口的方差分析结果（2）

由图 4-6（g）的方差分析表知，对影响不显著的是 $B \times C$（Sig. $=0.659$ 最大），将 $B \times C$ 去掉，直至所选变量对影响显著为止，最后方差分析表见图 4-6（h）。

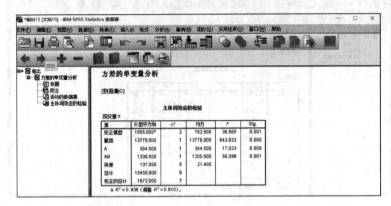

图 4-6（h） Output 窗口的方差分析结果（3）

图 4-6（h）的方差分析表说明 $A \times B$ 与 A 对试验指标有极显著影响，进行不同搭配平均数的比较，$ABA = 121$ 表示 AB 搭配各取 1、2，A 取 1，运算方法及结果见图 4-6（i）～图 4-6（l）。

图 4-6（i） 数据格式和运行方差分析

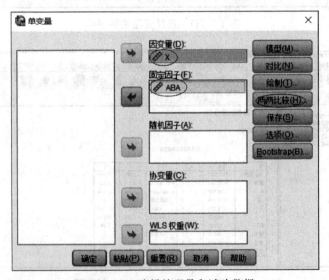

图 4-6（j） 选择处理号和试验数据

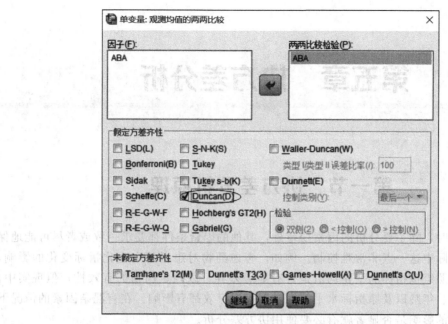

图 4-6 （k） 选择多重比较方法

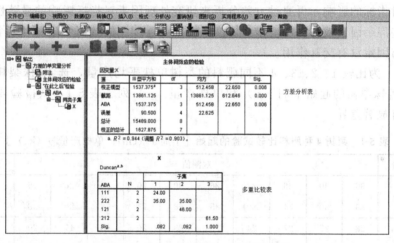

图 4-6 （l） Output 窗口的统计结果

多重比较表表明：$ABA=212$ 的搭配平均数显著高于其他搭配的平均数，即 A 取 2，B 取 1 时，培养基抗菌力最强。

第五章 协方差分析

第一节 协方差分析原理

在方差分析时，除了要分析的因素变量外，其他的因素条件都要求一致或者尽可能地保持不变，然而实际中这一点非常难控制。例如，考虑药物对患者某个生化指标变化的影响，比较试验组和对照组该指标的变化均值是否有显著差异，以确定药物的有效性；但现实中，患者病程的长短、年龄以及原指标水平等混杂因素对疗效都有影响。在有混杂因素的情况下处理因素对指标的影响是否显著就有必要使用协方差分析。

协方差分析是将方差分析和回归分析结合起来的一种统计方法。它通过回归分析剔除其他混杂因素对指标的影响，再通过方差分析来研究处理因素对指标影响的显著性。在协方差分析中，这些混杂因素被称为协变量。协变量要求是连续型的数值变量，且多个协变量之间相互独立并与因素没有交互作用。

【例 5-1】 为比较 1、2、3、4 不同肥料的梨树单株平均产量，选 40 株梨树，每个处理 10 株梨树。各株梨树的起始干周（x）和单株产量（y）列于表 5-1，试检验 4 种肥料的单株产量是否有显著差异。

表 5-1 梨树 4 种肥料比较试验的起始 [干周 x (cm)；单株产量 y (kg)]

肥料	变量	观测值										总和	平均
1	x_{1j}	36	30	26	23	26	30	20	19	20	16	246	24.6
	y_{1j}	89	80	74	80	85	68	73	68	80	58	755	75.5
2	x_{2j}	28	27	27	24	25	23	20	18	17	20	229	22.9
	y_{2j}	64	81	73	67	77	67	64	65	59	57	674	67.4
3	x_{3j}	28	33	26	22	23	20	22	23	18	17	232	23.2
	y_{3j}	55	62	58	58	66	55	60	71	55	48	588	58.8
4	x_{4j}	32	23	27	23	27	28	20	24	19	17	240	24.0
	y_{4j}	52	58	64	62	54	54	55	44	51	51	545	54.5
总和												947	23.675
												2562	64.05

以上实例中 40 株梨树的干周不同。一般干周不同，梨树的产梨量也不同，因此必须考虑梨树的干周对产梨量的影响，这样统计分析的结论才可靠。

在除去处理的效应的情况下，梨树的起始干周 x 和单株产量 y 有关系，设：$y - \bar{y} = b_1 (x - \bar{x})$，将每个样本点 (x_i, y_i) 中的 y_i 进行调整：$y_i' = y_i - b_1 (x_i - \bar{x})$，这样的 y_i' 是

在 x 一致条件下的依变量，进行多个平均数的比较结论可靠。已经证明在除去处理的效应的情况下，$b_1 = b_e = SP_e/SS_{ex}$，具体计算见表 5-2。

表 5-2 资料的自由度、平方和与乘积

变异来源	df	SS_x	SS_y	SP
组间	$k-1$	$SS_{tx} = \dfrac{\sum\limits_{i=1}^{k} x_{i\cdot}^2}{n} - \dfrac{x_{\cdot\cdot}^2}{kn}$	$SS_{ty} = \dfrac{\sum\limits_{i=1}^{k} y_{i\cdot}^2}{n} - \dfrac{y_{\cdot\cdot}^2}{kn}$	$SP_t = \dfrac{\sum\limits_{i=1}^{k} x_{i\cdot} y_{i\cdot}}{n} - \dfrac{x_{\cdot\cdot} y_{\cdot\cdot}}{kn}$
误差	$kn-k$	$SS_{ex} = SS_{Tx} - SS_{tx}$	$SS_{ey} = SS_{Ty} - SS_{ty}$	$SP_e = SP_T - SP_t$
总变异	$kn-1$	$SS_{Tx} = \sum\limits_{i=1}^{k}\sum\limits_{j=1}^{n} x_{ij}^2 - \dfrac{x_{\cdot\cdot}^2}{kn}$	$SS_{Ty} = \sum\limits_{i=1}^{k}\sum\limits_{j=1}^{n} y_{ij}^2 - \dfrac{y_{\cdot\cdot}^2}{kn}$	$SP_T = \sum\limits_{i=1}^{k}\sum\limits_{j=1}^{n} x_{ij} y_{ij} - \dfrac{x_{\cdot\cdot} y_{\cdot\cdot}}{k}$

有关的乘积和计算如下：

总乘积和

$$SP_T = \sum\sum xy - \frac{x_{\cdot\cdot} y_{\cdot\cdot}}{nk} = 36 \times 89 + \cdots + 17 \times 51 - \frac{947 \times 2562}{10 \times 4} = 720.650$$

肥料间乘积和

$$SP_t = \frac{\sum x_i y_i}{n} - \frac{x_{\cdot\cdot} y_{\cdot\cdot}}{nk} = \frac{246 \times 755 + 229 \times 674 + 232 \times 588 + 240 \times 545}{10} - \frac{947 \times 2562}{10 \times 4} = 73.850$$

误差乘积和

$$SP_e = SP_T - SP_t = 720.650 - 73.850 = 646.800$$

结果见表 5-3。

表 5-3 起始干周 x 和单株产量 y 计算表

变异来源	df	x 变量 SS	y 变量 SS	SP SP
肥料间	3	17.875	2610.900	73.850
肥料内（误差）	36	878.900	1951.000	646.800
总变异	39	896.775	4561.900	720.650

$$b_e = \frac{SP_e}{SS_{ex}} = \frac{646.800}{878.900} = 0.7359$$

$b_0 = 0.7359$ 表示起始干周改变 1cm，单株产量将平均改变 0.7359kg。

对 b_e 进行显著性检验如下：

$$H_0 : \beta_e = 0$$

回归平方和

$$SS_{eR} = \frac{SS_e^2}{SS_{ex}} = \frac{646.8^2}{878.9} = 475.993$$

离回归平方和

$$SS_{er} = SS_{ey} - SS_{eR} = 1951.000 - 475.993 = 1475.007$$

离回归自由度

$$df_{er} = k(n-1) - 1 = 4 \times (10-1) - 1 = 35$$

$$F = \frac{SS_{eR}}{SS_{er} df_{er}} = \frac{475.993}{1475.000/35} = 11.29 > F_{0.01(1,35)} = 7.42$$

1. 求矫正后的单株产量的各项平方和及自由度

利用线性回归关系对单株产量一一做矫正，并由矫正后的单株产量进行方差分析的计算量大，且舍入误差大。统计学已证明，矫正后的单株产量的总平方和、误差平方和及自由度等于其相应变异项的离回归平方和及自由度，各项平方和及自由度可直接计算如下。

矫正单株产量的总平方和与自由度，即总离回归平方和与自由度，记为 SS'_T、df'_T。

$$SS'_T = SS_{Ty} - SS_{Ry} = SS_{Ty} - \frac{SP_{T^2}}{SS_{Tx}}$$

$$= 4561.900 - \frac{720.650^2}{896.775} = 3982.784$$

$$df'_T = df_{Ty} - df_{Ry} = 39 - 1 = 38 \tag{5-1}$$

矫正单株产量的平方和与自由度，即误差离回归平方和与自由度，记为 SS'_e、df'_e。

$$SS'_e = SS_{er} = 1475.007$$

$$df'_e = df_{er} = 35 \tag{5-2}$$

矫正单株产量处理间平方和与自由度，记为 SS'_t、df'_t。

$$SS'_t = SS'_T - SS'_e = 3982.784 - 1475.007 = 2507.777$$

$$df'_t = df'_T - df'_e = k - 1 = 4 - 1 = 3 \tag{5-3}$$

2. 对矫正单株产量进行方差分析

对矫正单株产量进行方差分析，见表5-4。

表 5-4　矫正单株产量的方差分析表

变异来源	df	SS	MS	F 值
肥料间	3	2507.7770	835.9260	19.835 **
肥料内（误差）	35	1475.0070	42.1430	
总变异	38	3982.7840		

查 F 值表，$F_{0.01}(3, 35) = 4.40$，由于 $F = 19.835 > F_{0.01}(3, 35)$，$p < 0.01$ 表明不同肥料的矫正单株产量间存在极显著的差异，需进一步进行多重比较。

3. 根据线性回归关系计算各肥料的矫正平均单株产量

矫正平均单株产量的计算公式如下：

$$\overline{y}'_{i.} = \overline{y}_{i.} - b_e(\overline{x}_{i.} - \overline{x}_{..}) \tag{5-4}$$

式中，$\overline{y}'_{i.}$ 为第 i 处理矫正单株平均产量；$\overline{y}_{i.}$ 为第 i 处理实际单株平均产量；$\overline{x}_{i.}$ 为第 i 处理实际平均起始干周；$\overline{x}_{..}$ 为全试验 x_{ij} 的平均数；b_e 为误差回归系数。

将各有关数值代入式（5-4）中，即可计算出各肥料的矫正单株平均产量

$$\overline{y}'_{1.} = \overline{y}_{1.} - b_e(\overline{x}_{1.} - \overline{x}_{..}) = 75.5 - 0.7359 \times (24.6 - 23.675) = 74.819$$

$$\overline{y}'_{2.} = \overline{y}_{2.} - b_e(\overline{x}_{2.} - \overline{x}_{..}) = 67.4 - 0.7359 \times (22.9 - 23.675) = 67.970$$

$$\overline{y}'_{3.} = \overline{y}_{3.} - b_e(\overline{x}_{3.} - \overline{x}_{..}) = 58.8 - 0.7359 \times (23.2 - 23.675) = 59.150$$

$$\overline{y}'_{4.} = \overline{y}_{4.} - b_e(\overline{x}_{4.} - \overline{x}_{..}) = 54.5 - 0.7359 \times (24.0 - 23.675) = 54.261$$

4. 各肥料矫正单株平均产量间的多重比较

（1）t 检验法

检验两个处理矫正平均数间的差异显著性，可应用 t 检验法

$$t=\frac{\overline{y_i'}\cdot-\overline{y_j'}\cdot}{S_{\overline{y_i'}\cdot-\overline{y_j'}\cdot}}, \quad df=df_e' \tag{5-5}$$

$$S_{\overline{y_i'}\cdot-\overline{y_j'}\cdot}=\sqrt{MS_e'\left[\frac{2}{n}+\frac{(\overline{x_i}\cdot-\overline{x_j}\cdot)^2}{SS_{ex}}\right]} \tag{5-6}$$

式中，$\overline{y_i'}\cdot-\overline{y_j'}\cdot$ 为两个处理矫正平均数间的差数；$S_{\overline{y_i'}\cdot-\overline{y_j'}\cdot}$ 为两个处理矫正平均数差数标准误；MS_e' 为误差离回归均方；df_e' 为误差离回归自由度；n 为各处理的重复数；$\overline{x_i}\cdot$、$\overline{x_j}\cdot$ 为处理 i、j 的 x 变量的平均数；SS_{ex} 为 x 变量的误差平方和。

例如，检验 A_1 与 A_2 矫正单株平均产量间的差异显著性：将有关数值代入式（5-6）得

$$S_{\overline{y_1'}\cdot-\overline{y_2'}\cdot}=\sqrt{42.143\times\left[\frac{2}{10}+\frac{(24.6-22.9)^2}{878.9}\right]}=2.927$$

于是

$$t=\frac{\overline{y_i'}\cdot-\overline{y_j'}\cdot}{S_{\overline{y_1'}\cdot-\overline{y_2'}\cdot}}=\frac{74.819-69.97}{2.927}=1.657$$

查 t 值表，当自由度为 35 时，$t_{0.05(35)}=2.030$，$t<t_{0.0(35)}$，$p>0.05$ 表明 A_1 与 A_2 矫正单株平均产量间的差异不显著。其余的每两处理矫正平均数间的比较都需另行算出 $S_{\overline{y_i'}\cdot-\overline{y_j'}\cdot}$，再进行 t 检验。

（2）LSD 法

利用 t 检验法进行多重比较，每一次比较都要算出各自的 $S_{\overline{y_1'}\cdot-\overline{y_2'}\cdot}$。当误差项自由度在 20 以上，变量的差异不甚大（即 x 变量各处理平均数间差异不显著），为简便起见，可计算一个平均的 $\overline{S}_{\overline{y_1'}\cdot-\overline{y_2'}\cdot}$，采用 LED 法进行多重比较 $\overline{S}_{\overline{y_i'}\cdot-\overline{y_j'}\cdot}$ 的计算公式如下：

$$\overline{S}_{\overline{y_i'}\cdot-\overline{y_j'}\cdot}=\sqrt{\frac{2MS_e'}{n}\left[1+\frac{SS_{tx}}{SS_{ex}(k-1)}\right]} \tag{5-7}$$

式中，SS_{tx} 为 x 的变量处理间平方和。

然后由误差自由度 df_e' 查临界 t 值 $t_{\alpha(df_e')}$ 计算出最小显著差数

$$\text{LSD}_\alpha=t_{\alpha(df_e')}\overline{S}_{\overline{y_i'}\cdot-\overline{y_j'}\cdot} \tag{5-8}$$

本例中，

$$\overline{S}_{\overline{y_i'}\cdot-\overline{y_j'}\cdot}=\sqrt{\frac{2\times42.143}{10}\left[1+\frac{17.875}{878.9\times(4-1)}\right]}=2.913$$

由 $df_e'=35$，查临界 t 值得 $t_{0.05(35)}=2.030$，$t_{0.01(35)}=2.724$

于是

$$\text{LSD}_{0.05}=2.030\times2.913=5.913$$

$$\text{LSD}_{0.01}=2.724\times2.913=7.935$$

不同肥料的矫正平均单株产量间的多重比较结果见表 5-5。

表 5-5　不同肥料的矫正平均单株产量间的多重比较结果表

肥料	矫正单株产量平均重 $\overline{y_i'}\cdot$	$\overline{y_i'}\cdot-54.126$	$\overline{y_i'}\cdot-59.150$	$\overline{y_i'}\cdot-67.970$
1	74.819	20.558**	15.668**	6.849*
2	67.970	13.709**	8.820**	
3	59.150	4.889		
4	54.261			

多重比较结果表明：除肥料 3、4 单株平均产量间的差异不显著外，其余各种肥料两两单株平均产量间差异显著或极显著，这里表现为肥料 1 的单株平均产量显著或极显著高于其余 3 种肥料的单株平均产量；肥料 2 的单株平均产量极显著高于肥料 3、4 的单株平均产量。4 种肥料中以 1 的单株产量最高，2 次之，3、4 的单株产量最低。

第二节 协方差分析与 SPSS 应用

SPSS 上的协方差分析，以【例 5-1】为例。

首先运行 SPSS，SPSS 的数据格式、操作方法和统计结果见图 5-1（a）～图 5-1（g）。

图 5-1（a） 数据格式

图 5-1（b） 运行方差分析

图 5-1 (c) 选择变量

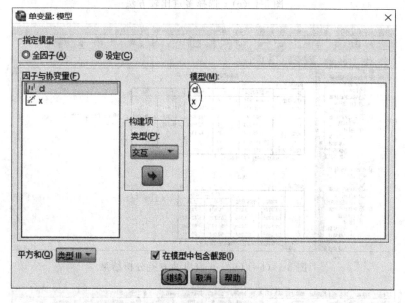

图 5-1 (d) 选择模型

由图 5-1 (f) 的方差分析表可知，x 对 y 的影响极显著（Sig. ＝0002 ≤0.01），处理不同 y 的平均数极显著的不同（Sig. ＝0.000≤0.01），结论是：肥料的不同，梨树单株平均产量极显著不都相同。

由图 5-1 (g) 的多重比较表得出结论：肥料 1 的梨树单株平均产量显著高于肥料 2 的，极显著高于肥料 3、4 的（因为肥料 1 与肥料 2 的梨树单株平均产量差异的 Sig. ＝0.025＞0.05，差异显著，同理可比较其他的平均数），肥料 2 的梨树单株平均产量极显著高于肥料 3、4 的，肥料 3、4 的梨树单株平均产量差异不显著。

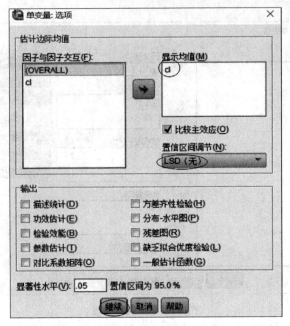

图 5-1（e） 选择多重比较方法

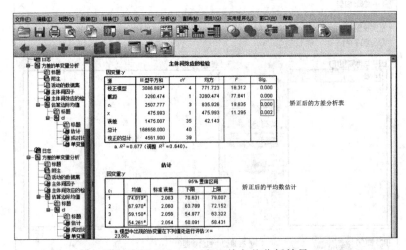

主体间效应的检验

因变量:y

源	III型平方和	df	均方	F	Sig.
校正模型	3086.893ª	4	771.723	18.312	0.000
截距	3280.474	1	3280.474	77.841	0.000
c1	2507.777	3	835.926	19.835	0.000
x	475.993	1	475.993	11.295	0.002
误差	1475.007	35	42.143		
总计	168658.000	40			
校正的总计	4561.900	39			

a. $R^2=0.677$（调整 $R^2=0.640$）。

矫正后的方差分析表

估计

因变量:y

c1	均值	标准误差	95%置信区间 下限	上限
1	74.819ª	2.063	70.631	79.007
2	67.970ª	2.060	63.789	72.152
3	59.150ª	2.056	54.977	63.322
4	54.261ª	2.054	50.091	58.431

a. 模型中出现的协变量在下列值处进行评估:x=23.68。

矫正后的平均数估计

图 5-1（f） Output 窗口的方差分析结果

成对比较

因变量:y

(I) c1	(J) c1	均值差值(I-J)	标准误差	Sig.ª	差分的95%置信区间 下限	上限
1	2	6.849*	2.927	0.025	0.907	12.791
	3	15.670*	2.919	0.000	9.743	21.596
	4	20.558*	2.906	0.000	14.659	26.458
2	1	-6.849*	2.927	0.025	-12.791	-.907
	3	8.821*	2.904	0.004	2.925	14.716
	4	13.710*	2.913	0.000	7.795	19.624
3	1	-15.670*	2.919	0.000	-21.596	-9.743
	2	-8.821*	2.904	0.004	-14.716	-2.925
	4	4.889	2.908	0.102	-1.016	10.793
4	1	-20.558*	2.906	0.000	-26.458	-14.659
	2	-13.710*	2.913	0.000	-19.624	-7.795
	3	-4.889	2.908	0.102	-10.793	1.016

多重比较表（矫正后）

图 5-1（g） Output 窗口的多重比较结果

表 5-6　方差分析表

变异来源	SS	df	MS	F	Sig
x	475.993	1	475.993	11.295	0.002
肥料间	2507.777	3	835.926	19.835	0.000
误差	1475.007	35	42.143		
总计	4561.900	39			

如表 5-6 所示，x 项的显著性水平 Sig. $=0.002$ 表明 x，y 的线性关系极显著；肥料间 Sig. $=0.000$，表明施用不同肥料的梨树，其单棵平均产量差异极显著不都相等。计算结果同前一致。多重比较表用三角形法表示见表 5-7。

表 5-7　多重比较表

肥料	平均产量	$\overline{x}_i - 54.26$	$\overline{x}_i - 59.15$	$\overline{x}_i - 67.97$
1	74.82	20.56**	15.67**	6.85*
2	67.97	13.71**	8.82*	
3	59.15	4.89		
4	54.26			

第三节　随机区组设计协方差分析与 SPSS 应用

【例 5-2】　对 6 个菜豆品种（$k=6$）进行维生素 C 含量（y，mg/100g）比较试验，4 次重复（$n=4$），随机区组设计。根据前人的研究，菜豆维生素 C 含量不仅与品种有关，而且与豆荚的成熟度有关。但在试验中又无法使所有小区的豆荚都同时成熟，所以同时测定了 100g 所采豆荚干物重百分率 x，作为豆荚成熟度指标。测定结果列于表 5-8，作协方差分析。

表 5-8　菜豆品种维生素 C 含量 y 与豆荚干物重百分率 x 的测定结果

品种	区组 I		区组 II		区组 III		区组 IV	
	x_{i1}	y_{i1}	x_{i2}	y_{i2}	x_{i3}	y_{i3}	x_{i4}	y_{i4}
1	34.0	93.0	33.4	94.8	34.7	91.7	38.9	80.8
2	39.6	47.3	39.8	51.5	51.2	33.3	52.0	27.2
3	31.7	81.4	30.1	109.0	33.8	71.6	39.6	57.5
4	37.7	66.9	38.2	74.1	40.3	64.7	39.4	69.3
5	24.9	119.5	24.0	128.5	24.9	125.6	23.5	129.0
6	30.3	106.6	29.1	111.4	31.7	99.0	28.3	126.1

使用 SPSS 进行协方差分析。

首先运行 SPSS，SPSS 的数据格式、操作方法和统计结果见图 5-2（a）～图 5-2（g）。

由图 5-2（f）的方差分析表可知，x 对 y 的影响极显著（Sig. $=0.001$），区组的不同对 y 的影响不显著（Sig. $=0.321$），处理的不同 y 的平均数显著的不同（Sig. $=0.029 <$ 0.05）。结论是品种的不同，维生素 C 平均含量显著不都相同。

图 5-2 （a） 数据格式

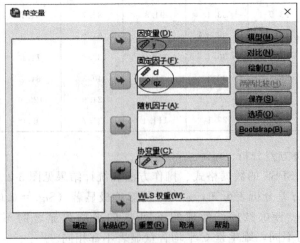

图 5-2 （b） 运行方差分析

图 5-2 （c） 选择变量

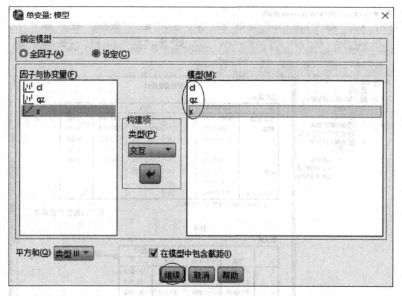

图 5-2 （d） 选择模型

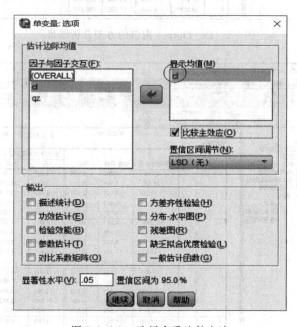

图 5-2 （e） 选择多重比较方法

由图 5-2 （g） 的多重比较表得出结论：品种 5 与品种 1、2、4、6 的维生素 C 平均含量差异不显著，但与品种 3 的维生素 C 平均含量差异显著；品种 6 与品种 1 的维生素 C 平均含量差异不显著，但与品种 2、3、4 的维生素 C 平均含量差异显著；品种 1 与品种 4 的维生素 C 平均含量差异不显著，但与品种 2、3 的维生素 C 平均含量差异显著；品种 4 与品种 2、3 的维生素 C 的平均含量差异不显著；品种 2、3 的维生素 C 平均含量差异不显著。

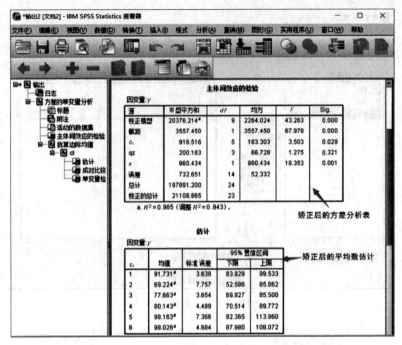

图 5-2（f） Output 窗口的方差分析结果

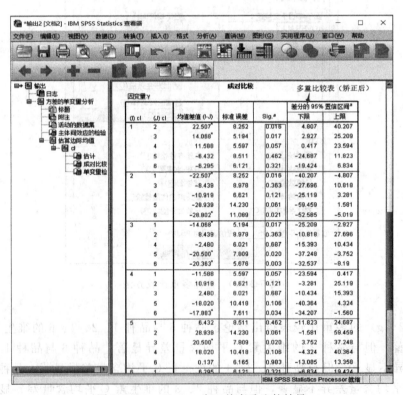

图 5-2（g） Output 窗口的多重比较结果

第六章 响应面试验设计与分析

第一节 响应曲面分析法的基本概念

在工业生产或工程实际中经常会碰到这样的问题：如何控制输入变量（工艺参数）x_1，x_2，$\cdots$，x_p 的值使产品（或系统）的性能指标 y 达到"最优"？例如在一种新型钢材的研制中，如何控制碳的含量（x_1），锰的含量（x_2），冶炼温度（x_3），冶炼时间 x_4，$\cdots$，使该新型钢材的抗压强度（y）达到"最大"？为此需要研究 y 与 x_1，x_2，$\cdots$，x_p 之间的定量关系，它们之间的关系可用下列模型表示

$$y = f(x_1, x_2, \cdots, x_p) + \varepsilon$$

式中，$f(x_1, x_2, \cdots, x_p)$ 是 x_1，x_2，$\cdots$，x_p 的一个函数，通常称为响应函数；ε 是随机误差，它表示由不可控噪声因素的影响所带来的干扰项，通常假定 ε 在不同的试验中是相互独立的，且均值为 0，方差为 σ^2，因为响应 y 和 x_1，x_2，$\cdots$，x_p 之间的关系可以用图形的方式描述为 x_1，x_2，$\cdots$，x_p 的区域上的一个曲面，所以这种关系的研究称为响应曲面研究（response surface study）。

第二节 响应面模型

$E_y = f(x_1, \cdots, x_p)$ 是未知的，这样就需要试验（或抽样），由有限次试验所得试验数据来估计 $E_y = f(x_1, \cdots, x_p)$（由部分来说明全体）。用什么样的模型来估计 $E_y = f(x_1, \cdots, x_p)$ 呢？在数学分析上已有 Colin Maclaurin 或 Taylor's formula，即

$$f(x) \approx f(0) + \frac{f'(0)}{1!}x + \frac{f''(0)}{2!}x^2 + \cdots$$

一般都能满足（收敛），又因为生物科学领域变量间的特点一般也是这样，因此用 $E_y = f(x_1, \cdots, x_p) \approx a + bx_1 + \cdots + cx_p + \cdots + dx_1^2$ 模型，如果拟合不好，可考虑更高次拟合。

综上所述，试验得试验点 $(x_{11}, \cdots, x_{p1}, y_1)$，$\cdots$，$(x_{1n}, \cdots, x_{pn}, y_n)$ 估计出 $E_y = f(x_1, \cdots, x_p) \approx a + bx_1 + \cdots + cx_p + \cdots + dx_1^2$ 的系数 a、b…，如果检验可用，则 x_1，$\cdots$，x_p，y 的关系就全面掌握了，如利用回归方程估计极值点等，找出优化搭配。

第三节 响应面试验设计与 Design-Expert 软件

试验点 $(x_{11}, \cdots, x_{p1}, y_1)$，$\cdots$，$(x_{1n}, \cdots, x_{pn}, y_n)$，选哪些点才能客观地反映实

际呢（包括试验次数要尽可能少）？这就是试验设计研究的问题。响应面分析的试验设计有以下几种：

中心组合设计（central composite，包括通用旋转组合设计、二次正交组合设计等）；

BOX 设计（box-behnken 设计）；

均匀设计；

田口设计；

……

下面说明试验点的选择，以三因素 x_1、x_2、x_3 为例。首先 x_1、x_2、x_3 都有范围，范围的上、下界又称为上、下水平，上水平与下水平的平均数也称为零水平，上、下水平到零水平的平均距离（上水平－下水平）/2 称为标准差 Δ，上、零、下水平标准化（减平均数后除以标准差）后的值是 1、0、－1，见表 6-1。

表 6-1 二次回归设计因素水平编码表

变量 x 范围	实际变量 x			标准化后 z（编码）		
	x_1	x_2	x_3	z_1	z_2	z_3
上水平	x_{12}	x_{22}	x_{32}	1	1	1
零水平	x_{10}	x_{20}	x_{30}	0	0	0
下水平	x_{11}	x_{21}	x_{31}	－1	－1	－1
距零水平 r 点	$r \times \Delta_1 + x_{10}$	$r \times \Delta_2 + x_{10}$	$r \times \Delta_3 + x_{10}$	r	r	r
距零水平－r 点	$-r \times \Delta_1 + x_{10}$	$-r \times \Delta_2 + x_{10}$	$-r \times \Delta_3 + x_{10}$	$-r$	$-r$	$-r$
标准差	Δ_1	Δ_2	Δ_3			

如两因子组合设计中试验点设置见图 6-1。

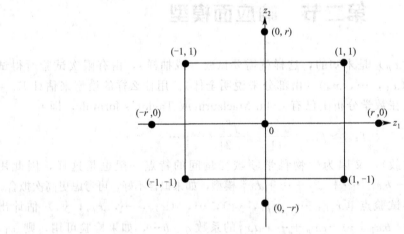

图 6-1 两因子组合设计试验点分布图

设 p 个因素，每个因素取 1，－1 的排列数的个数，共有试验点 m_c 为 2^p 个，每个因素坐标轴上 $\pm r$ 的 2 个试验点，p 个坐标轴上共有 $2p$ 个试验点，用 m_r 表示，m_0 位各因素都取零水平的中心点试验得重复次数。

通用旋转组合设计试验点的设置见表 6-2。

表 6-2　通用旋转组合设计试验点设置

p	m_c	m_r	r	m_0	n
2	4	4	1.414	5	13
3	8	6	1.682	6	20
4	16	8	2.000	7	31
5	32	10	2.378	10	32

二次回归正交组合设计试验点的设置见表 6-3。

表 6-3　二次回归正交组合设计试验点设置常用 r 值

m_0	因素个数 p				
	2	3	4	5	6
1	1.00000	1.21541	1.41421	1.59601	1.76064
2	1.07809	1.28719	1.48258	1.66183	1.82402
3	1.14744	1.35313	1.54671	1.72443	1.88488
4	1.21000	1.41421	1.60721	1.78419	1.94347
5	1.26710	1.47119	1.66443	1.84139	2.00000
6	1.31972	1.52465	1.71885	1.89629	2.05464
7	1.36857	1.57504	1.77074	1.94910	2.10754
8	1.41421	1.62273	1.82036	2.00000	2.15884
9	1.45709	1.66803	1.86792	2.04915	2.20866
10	1.49755	1.71120	1.91361	2.09668	2.25709
11	1.53587	1.75245	1.95759	2.14272	2.30424

对于回归分析，可用预测值方差来评价其"精确度"。而二次回归正交组合设计，由于预测点不同，对应预测值的方差不同，即 $\hat{y}$ 的方差 $D(\hat{y})$ 强烈地依赖于试验点在因子空间中的位置，使设计在各个方向上不能提供等精度的估计。通用旋转组合设计在二次回归正交组合设计的基础上进行改造，使回归预测值 $\hat{y}$ 的方差在球心为原点、半径为 ρ 的球体内为一个常数，这对预测很重要，可以在寻找最优生产过程中，直接比较预测值的好坏，易于找到相对较优的区域。

常用的是通用旋转组合设计和 BOX 设计。现仅就这 2 个设计进行举例说明［见图 6-2（a）］。

设 $E_y = f(x_1, x_2, x_3) \approx a + bx_1 + \cdots + cx_3 + dx_1^2 + \cdots + ex_3^2 + fx_1 x_2 + \cdots + gx_2 x_3$

试验点安排见图 6-2（a）。

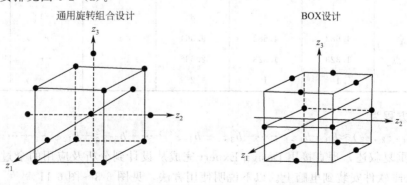

图 6-2（a）　通用旋转组合设计与 BOX 设计的试验点

投影至 z_1z_2 平面上的试验点见图 6-2（b）。

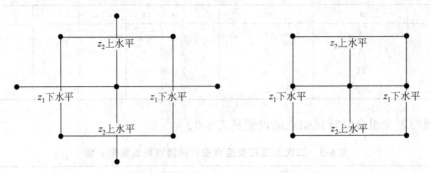

图 6-2（b）　通用旋转组合设计与 BOX 设计投影至 z_1z_2 面的试验点

按以上设计设置的试验点进行试验，由试验点数据确定回归方程并检验，利用回归方程求极值点或定值点灯。

第四节　响应面试验设计与分析实例

【例 6-1】　雪莲果银耳饮料配方的优化。变量 y 与因素 x_1、x_2、x_3 有关，大致知道变量的变化范围见表 6-4（a）。

表 6-4（a）　x_1、x_2、x_3 的变化范围

x	下限	上限	平均	标准差 Δ
x_1	2	4	3	1
x_2	2	4	3	1
x_3	4	8	6	2

期望找出 y 的最大值点，现采用通用旋转组合设计，查表 6-2 知 $r=1.682$，见表 6-4（b）。

表 6-4（b）　各变量范围实际标准化值

变量 x 范围	实际变量 x			标准化后 z（编码）		
	x_1	x_2	x_3	z_1	z_2	z_3
上水平	2	2	4	1	1	1
零水平	3	3	6	0	0	0
下水平	4	4	8	−1	−1	−1
距零水平 r 点	4.682	4.682	9.364	r	r	r
距零水平 $-r$ 点	1.328	1.328	2.636	$-r$	$-r$	$-r$
标准差	1	1	2			

设回归方程为

$$E_y = f(z_1, z_2, z_3) \approx b_0 + b_1 z_1 + \cdots + b_3 z_3 + b_{11} z_1^2 + \cdots + b_{33} z_3^2 + b_{12} z_1 z_2 + \cdots + b_{23} z_2 z_3$$

为了不重复叙述，现直接用 Design Expert 完成从设计到分析及应用的全过程。首先将 Design Expert 软件安装到电脑上。以下说明使用方法，见图 6-3～图 6-11。

图 6-3　开始一个新的设计

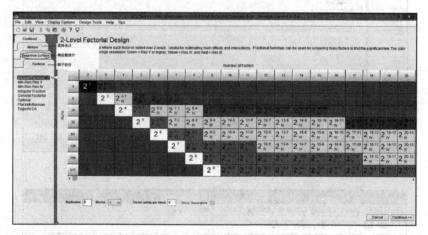

图 6-4　选择响应面设计

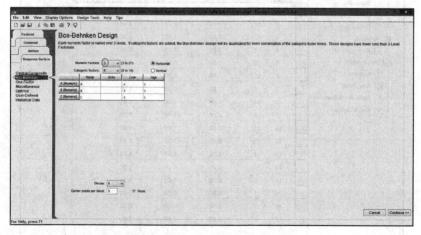

图 6-5　选择 BOX 设计、因素数

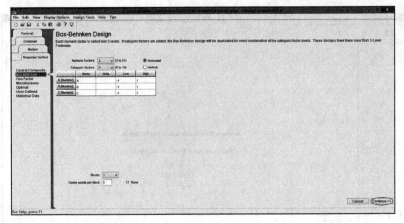

图 6-6　按 Continue 继续

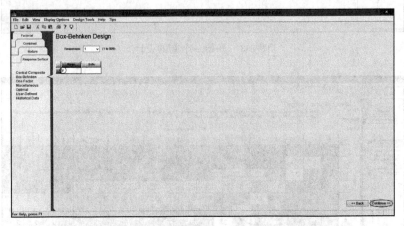

图 6-7　可给因变量命名，按 Continue 继续

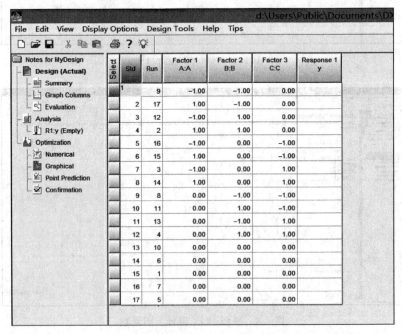

图 6-8　BOX 设计试验点

试验设计与软件应用

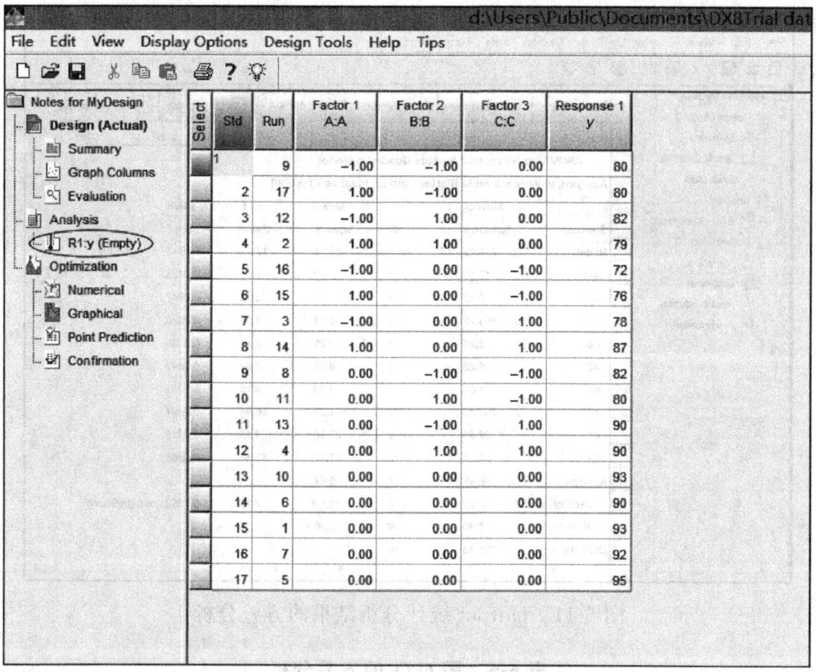

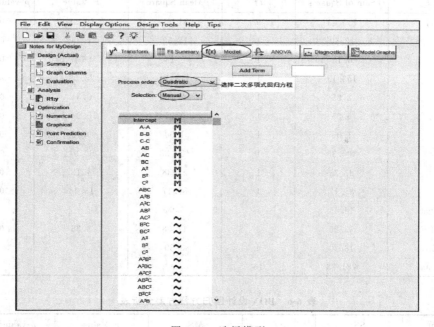

图 6-9　试验点试验数据 y 与统计分析

图 6-10　选择模型

　　按图 6-8 中 BOX 设计的试验点进行试验，$A=z_1$，$B=z_2$，$C=z_3$。将试验数据 y 值填入相应格内，见图 6-9。

　　图 6-11 的方差分析见表 6-5。

　　将表 6-5 内容用中文表示见表 6-6。

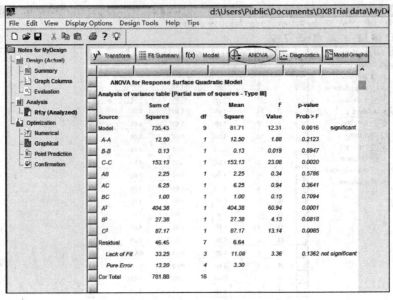

图 6-11　Output 统计分析结果的方差分析

表 6-5　图 6-11 的方差分析

Source	Sum of Squares	df	Mean Square	F Value	p-value Prob $>F$
Model	735.43	9	81.71	12.31	0.0016
z_1	12.50	1	12.50	1.88	0.2123
z_2	0.13	1	0.13	0.019	0.8947
z_3	153.13	1	153.13	23.08	0.0020
$z_1 z_2$	2.25	1	2.25	0.34	0.5786
$z_1 z_3$	6.25	1	6.25	0.94	0.3641
$z_2 z_3$	1.00	1	1.00	0.15	0.7094
z_1^2	404.38	1	404.38	60.94	0.0001
z_2^2	27.38	1	27.38	4.13	0.0818
z_3^2	87.17	1	87.17	13.14	0.0085
Residual	46.45	7	6.64		
Lack of Fit	33.25	3	11.08	3.36	0.1362
Pure Error	13.20	4	3.30		
Cor Total	781.88	16			

表 6-6　BOX 设计回归方程方差分析表

来源变异	SS	df	MS	F Value	p-value Prob$>F$
Model	735.43	9	81.71	12.31	0.0016
z_1	12.50	1	12.50	1.88	0.2123
z_2	0.13	1	0.13	0.019	0.8947
z_3	153.13	1	153.13	23.08	0.0020
$z_1 z_2$	2.25	1	2.25	0.34	0.5786
$z_1 z_3$	6.25	1	6.25	0.94	0.3641
$z_2 z_3$	1.00	1	1.00	0.15	0.7094

来源变异	SS	df	MS	F Value	p-value Prob$>F$
z_1^2	404.38	1	404.38	60.94	0.0001
z_2^2	27.38	1	27.38	4.13	0.0818
z_3^2	87.17	1	87.17	13.14	0.0085
残差	46.45	7	6.64		
失拟项	33.25	3	11.08	3.36	0.1362
纯误差	13.20	4	3.30		
总值	781.88	16			

p 值中，如果 $p{\leqslant}0.05$ 的项对 y 影响显著，$p{\leqslant}0.01$ 的项对 y 影响极显著，$p{>}0.05$ 的项对 y 影响不显著，一般将该项剔除，重新计算。

如果模型项 $p{\leqslant}0.05$，说明 y 与 z_1，$\cdots$ 回归方程的关系是显著的；$p{\leqslant}0.01$ 说明 y 与 z_1，$\cdots$ 回归方程的关系是极显著的；$p{>}0.05$ 说明 y 与 z_1，$\cdots$ 回归方程的关系是不显著的，方程不能用。

先拟项越小越好（平方和等于零最好），对应的 p 值越大越好，如果 $p{>}0.05$，说明所得方程与实际拟合中非正常误差所占比例小，方程表示 y 与 z_1，$\cdots$ 回归方程的关系是好的，否则可能是有的因素没有考虑到，如 z^3 项等。

由图 6-11 统计分析结果，后文有响应面方程。

$$\hat{y}=92.60+1.25z_1-0.12z_2+4.38z_3-0.75z_1z_2+1.25z_1z_3$$
$$+0.50z_2z_3-9.801z_1^2-2.55\times2z_2^2-4.55\times z_3^2$$

根据方差分析响应面方程极显著地表示了 y 与 z_1、z_2、z_3 的关系，响应面方程计算的理论值与实际值的比较见表 6-7。

表 6-7　理论值与实际值的比较

试验号	A	B	C	y 实际值	$\hat{y}$ 理论值
1	0	0	0	93	92.6
2	1	1	0	79	80.63
3	-1	0	1	78	80.13
4	0	1	1	90	90.26
5	0	0	0	95	92.6
6	0	0	0	90	92.6
7	0	0	0	92	92.6
8	0	-1	-1	82	81.74
9	-1	-1	0	80	78.37
10	0	0	0	93	92.6
11	0	1	-1	80	80.5
12	-1	1	0	82	79.63
13	0	-1	1	90	89.5
14	1	0	1	87	85.13
15	1	0	-1	76	73.87
16	-1	0	-1	72	73.87
17	1	-1	0	80	82.37

响应面方程的图形见图 6-12（a）～图 6-12（c）。

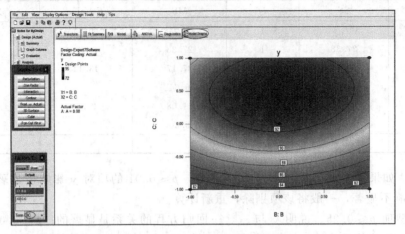

图 6-12（a） 响应面的等高线图

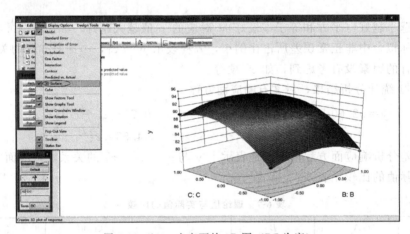

图 6-12（b） 响应面的 3D 图（BC 为底）

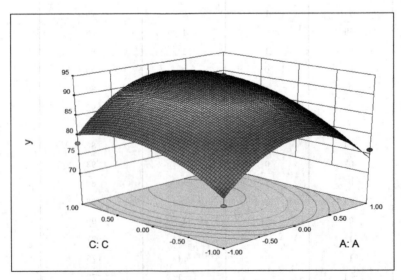

图 6-12（c） 响应面的 3D 图（AC 为底）

第五节 响应面方程应用

如果 z_1，…与 y 的响应面方程可用，利用响应面方程进行规划，即优化配置。以【例6-1】说明：响应面方程是

$$\hat{y}=92.60+1.25z_1-0.12z_2+4.38z_3-0.75z_1z_2+1.25z_1z_3$$
$$+0.50z_2z_3-9.801z_1^2-2.552z_2^2-4.55z_3^2$$

可以在某范围内求最大值点、最小值点、定值点，见图 6-13（a）～图 6-13（b）。

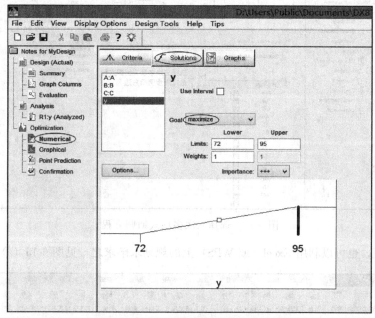

图 6-13（a） 选择求最大值点并运算

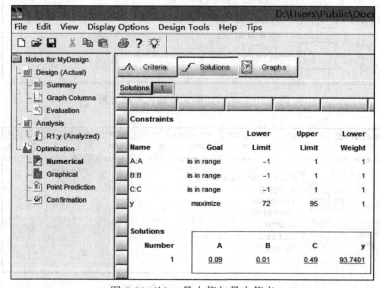

图 6-13（b） 最大值与最大值点

由图 6-13（b）知，最大值 $y=93.7401$，最大值点（z_1、z_2、z_3）=（0.630，-0.600，-0.370），换算为实际值。

$$(x_1,x_2,x_3)=(z_1\Delta_1+\overline{x}_1,z_2\Delta_2+\overline{x}_2,z_3\Delta_3+\overline{x}_3)$$
$$=(0.09\times1+3,0.01\times1+3,0.49\times2+6)=(3.09,3.01,6.98)$$

最后补充几次上述条件下的试验，验证结论的准确性。上例中实际 3 次试验，y 的平均为 93.5。

说明：如果方程不可用，可用三次多项式拟合，操作过程见图 6-14。

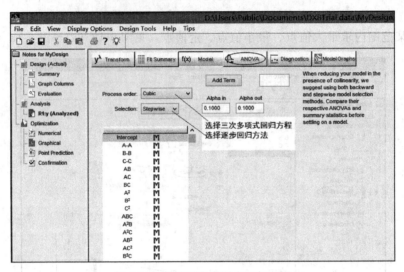

图 6-14　选择三次多项式回归方程

y 的最大值，也可以利用 Excel（或 WPS）上的规划求解求之，见图 6-15（a）～图 6-15（d）。

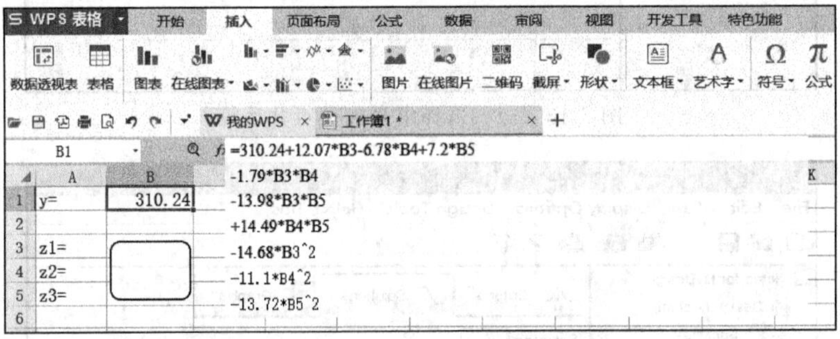

图 6-15（a）　B1 单元格输入回归方程

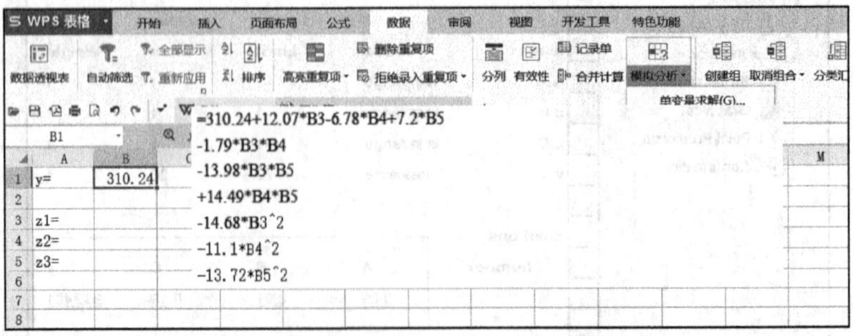

图 6-15（b）　运行规划求解

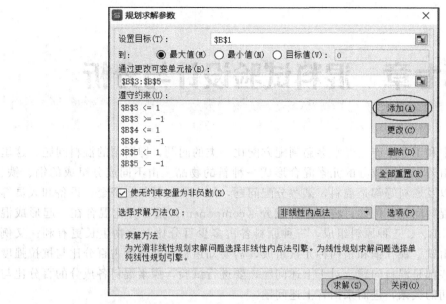

图 6-15（c） 输入依变量、自变量地址，添加条件，求解

图 6-15（d） y 的最大值与最大值点

第七章 混料试验设计与分析

在日常生活中和工业生产上经常会遇到配方配比一类的问题，即所谓的混料问题。这里所说的混料是指由若干不同成分的元素混合形成一种新的物品。由不同成分组成的钢、铁、铝、药方、饲料以及燃料等都是混料，某些分配问题，如企业的材料、资金、设备和人员等的分配也可看成混料问题。例如，将若干种成分（component）按百分比混合在一起形成混料。如饲料由 A、B、C 三种原料组成，三种原料各占多少百分比对动物生长更有利；又例如，某种不锈钢由铁、镍、铜和铬四种元素组成，需要知道每种元素所占百分比与抗拉强度的数量关系。这些都是混料问题。对于上述问题，要进行试验，探索混料各成分的百分比与试验研究指标之间的关系，进而来回答上述问题。

混料试验设计（mixture design）又称配方试验设计，其目的就是要合理地选择少量的试验点，通过一些不同配比的试验，得到试验指标与混料中各种成分所占百分比的回归方程，并进一步探讨组成与试验指标之间的内在规律，通过回归方程和其图形-相应曲面给出统计结论。混料设计不同于其他试验设计，它的试验指标只与每种成分的含量有关，而与混料的总量无关，且每种成分的比例必须是非负的，且在 0～1 之间变化，各种成分的含量之和必须等于 1（即 100%）。也就是说，各种成分不能完全自由地变化，受到一定条件的约束。

混料试验设计自 1958 年由 Scheffe 首先提出，至今已近 60 年，混料回归设计的理论和它的应用都有很大发展。由于这种试验设计方法与工农业生产及科学试验有密切的关系，所以不论在理论研究还是在实际应用上都有了很大的发展。在工业试验方面，合金、混凝土、油漆、混纺纤维、医药、视频等的配方和生产制造都广泛地应用混料试验设计方法。本章着重介绍混料的单纯形格子设计和单纯形重心设计。

第一节 混料试验的回归模型

设试验中所考察的指标为 y，那么 y 与 p 个因子 x_1，x_2，…，x_p 的关系可以表示为：

$$y = f(x_1, x_2, \cdots, x_p) + \varepsilon$$

这里 ε 是随机误差，通常假定它服从 $N(0, \sigma^2)$。称 $E_y = f(x_1, x_2, \cdots, x_p)$ 为响应函数，其图形也称为响应曲面，当响应函数中的未知参数用估计值代替后便得到回归方程，也称响应曲面方程。

由于 $f(x_1, x_2, \cdots, x_p)$ 形式往往是未知的，通常用 x_1，x_2，…，x_p 的一个 d 次多项式表示，此时一个混料试验由因子数 p 与响应多项式的次数 d 来确定，以后用 $\{p, d\}$ 表示一个混料试验。

利用混料试验的特点，多项式中的参数可以得到简化，现要估计该函数，用多项式取估计，可以用一次、二次、高次多项式进行估计，一般多用二次多项式估计，如果估计达不到要求，则用高次多项式进行估计。

（1）用二次多项式估计，即设 $E_y=f(x_1,x_2,\cdots,x_p)$ 的估计是

$$\hat{y}=\sum_{i=1}^{p}b_ix_i+\sum_{i<j}^{p}b_{ij}x_ix_j \tag{7-1}$$

现以 $p=3$ 进行说明。

三元二次多项式是

$$\hat{y}=b_0+\sum_{i=1}^{3}b_ix_i+\sum_{i<j}^{3}b_{ij}x_ix_j+\sum_{i=1}^{3}b_{ii}x_i^2 \tag{7-2}$$

由 $x_1+x_2+x_3=1$，可得

$$b_0=b_0x_1+b_0x_2+b_0x_3$$
$$x_1^2=x_1(1-x_2-x_3)=x_1-x_1x_2-x_1x_3$$
$$x_2^2=x_2-x_1x_2-x_2x_3$$
$$x_3^2=x_3-x_1x_3-x_2x_3$$

将其带入回归方程（7-2），加以整理，可得

$$\hat{y}=\sum_{i=1}^{p}b'_ix_i+\sum_{i<j}^{p}b'_{ij}x_ix_j \tag{7-3}$$

（2）利用一次多项式去估计，即得 $E_y=f(x_1,x_2,\cdots,x_p)$ 的估计是

$$\hat{y}=\sum_{i=1}^{p}b_ix_i \tag{7-4}$$

（3）利用三次多项式去估计，即设 $E_y=f(x_1,x_2,\cdots,x_p)$ 的估计是

$$\hat{y}=\sum_{i=1}^{p}b_ix_i+\sum_{i<j}^{p}b_{ij}x_ix_j+\sum_{i<1}^{p}r_{ij}x_ix_j(x_i-x_j)+\sum_{i<j<k}^{p}b_{ijk}x_ix_jx_k \tag{7-5}$$

或者是

$$\hat{y}=\sum_{i=1}^{p}b_ix_i+\sum_{i<j}^{p}b_{ij}x_ix_j+\sum_{i<j<k}^{p}b_{ijk}x_ix_jx_k$$

将式（7-1）～式（7-5）这类多项式称为 Scheffe 多项式回归方程或规范多项式回归方程。用 $\{p,d\}$ 表示 p 个成分 d 次多项式混料设计，试验点 $(x_1,x_2,\cdots,x_p)$ 由 $\{p,d\}$ 确定。

需要指出的是，以上回归方程中 $b_{ij}x_ix_j$，不能单纯地理解为 x_i 与 x_j 的交互作用，它们只是表示一种非线性混合的关系。Scheffe 认为，当 $b_{ij}>0$ 时，这种非线性混合关系是协调的；而当 $b_{ij}<0$ 时，则是对抗的。同理 $b_{ijk}x_ix_jx_k$ 也与 $b_{ij}x_ix_j$ 一样。

目前，混料设计的方法已有多种，除了前面提到的单纯形格子设计、单纯形重心设计外，有下界约束的混料设计、轴设计、凸多面体设计、Cox 混料设计、混料均匀设计、随机混料设计、极端顶点混料设计等。本章只重点介绍单纯形格子设计和单纯形重心设计两种常用的设计方法。

第二节　单纯形格子设计

单纯形格子设计（simplex lattice design）是混料试验设计方法中最早出现的，同时也

是最基本的一种设计方法，是 Scheffe 于 1958 年提出的，其他的一些方法都要用到单纯形格子试验设计。

$\{p, d\}$ 单纯形格子设计，试验点 $(x_1, \cdots, x_p)$ 的选择是各成分 x_i 在混料中所占的百分比

$$x_i = 0, \frac{1}{d}, \frac{2}{d}, \cdots, 1, \quad i = 1, 2, \cdots, p$$

结合 $\sum_{i=1}^{p} x_i = 1$ 确定所有试验点。

单纯形格子试验设计的原理如下：以 $p=3$ 的单纯形为例，把等边三角形的三条边各二等分，则此三角形具有三个顶点和三个边中点，把此三角形的三个顶点与三个边中点的总体称为二阶格子点集，记为 $\{3, 2\}$。其中"3"表示单纯形顶点个数，"2"表示每条边等分段数。显然，它共有 6 个点，这 6 个点就是三因素二阶混料试验设计的试验点。

如 $\{3, 2\}$ 单纯形格子设计，试验点 (x_1, x_2, x_3) $x_i = 0, \frac{1}{2}, 1, i=1, 2, 3, x_1 + x_2 + x_3 = 1, x_i \geq 0, i = 1, 2, 3$，所以试验点是

$$(1,0,0)(0,1,0)(0,0,1)\left[\frac{1}{2}, \frac{1}{2}, 0\right] \left[\frac{1}{2}, 0, \frac{1}{2}\right] \left[0, \frac{1}{2}, \frac{1}{2}\right]$$

用图 7-1 表示

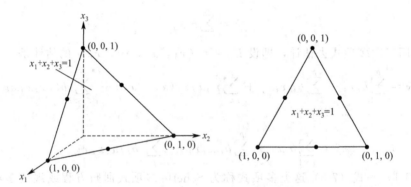

图 7-1 单纯形格子设计试验点图形

若将等边三角形各边三等分，并把对应分点连成与一边平行的直线，则这等边三角形上形成许多格子。这些格子的顶点的全体称为三因素三阶格子点集，记为 $\{3, 3\}$。其中共有 10 个点，就是三因素三阶混料试验设计的试验点。类似地，若将等边三角形四等分，可得三因素四阶混料试验设计的试验点 $\{3, 4\}$。以此类推，可以做出其他格子点集，一般记为 $\{p, d\}$，其中 p 为单纯形顶点个数，d 表示将单纯形边长等分段数。将试验点取在相应阶数的正规单纯形格子点上，这样的试验设计成为单纯形格子试验设计。单纯形格子试验设计是混料回归设计方案中最先出现的，也是最基本的设计方案，很多其他设计方案的构成要用到单纯形格子试验设计。对于由约束条件构成的正规单纯形因子空间，当采用完全形规范多项回归模型时，试验点可以取在正规单纯形格子点上，构成单纯形格子设计。它可以保证试验点分布均匀，而且计算简单、准确，回归系数只是相应格子点的相应值的简单函数。

$\{p, 1\}$ $\{p, 2\}$ $\{p, 3\}$ 的试验点见表 7-1~表 7-3。

表 7-1 {p, 1} 单纯格子设计表

试验号	x_1	x_2	...	x_3
1	1	0	...	0
2	0	1	...	0
⋮	⋮	⋮	...	⋮
p	0	0	...	1

表 7-2 {p, 2} 单纯格子设计表

试验号	x_1	x_2	x_3	...	x_{p-1}	x_p
1	1	0	0	...	0	0
2	0	1	1	...	0	0
⋮	⋮	⋮	⋮	...	⋮	⋮
p	0	0	0	...	0	1
$p+1$	1/2	1/2	0	...	0	0
$p+2$	1/2	0	1/2	...	0	0
⋮	⋮	⋮	⋮	...	⋮	⋮
C_{p+1}^2	0	0	0	...	1/2	1/2

表 7-3 {p, 3} 单纯格子设计表

试验号	x_1	x_2	x_3	x_4	...	x_{p-2}	x_{p-1}	x_p
1	1	0	0	0	...	0	0	0
2	0	1	0	0	...	0	0	0
⋮	⋮	⋮	⋮	⋮	...	⋮	⋮	⋮
P	0	0	0	0	...	0	0	1
$p+1$	1/3	2/3	0	0	...	0	0	0
$p+2$	2/3	1/3	0	0	...	0	0	0
$p+3$	1/3	0	2/3	0	...	0	0	0
$p+4$	2/3	0	1/3	0	...	0	0	0
⋮	⋮	⋮	⋮	⋮	...	⋮	⋮	⋮
P^2-1	0	0	0	0	...	0	1/3	2/3
P^2	0	0	0	0	...	0	2/3	1/3
P^2+1	1/3	1/3	1/3	0	...	0	0	0
P^2+2	1/3	1/3	0	1/3	...	0	0	0
⋮	⋮	⋮	⋮	⋮	...	⋮	⋮	⋮
C_{p+2}^3	0	0	0	0	...	1/3	1/3	1/3

下面用一实例来说明单纯形格子设计与试验结果的统计分析方法。

【例 7-1】　编制一个 {3, 2} 单纯形分子设计的试验方案。

第一步，明确试验研究的目的，根据试验目的确定混料的各种成分（即试验因素）。本例中混料成分的个数 $p=3$。

第二步，按照专业知识的要求，根据各混料成分所占百分比的范围，确定出试验研究范围内各成分百分比的最小值。用 Z_1、Z_2、Z_3 表示混料中 3 种成分的百分比，用 a_1、a_2、a_3 表示 3 种成分百分比的最小值。本设计就是要在下列条件的限制下

$$0 \leqslant a_i \leqslant Z_i \leqslant 1, i=1,2,3$$
$$Z_1+Z_2+Z_3=1$$

选择试验点进行试验。根据混料设计的特点，各混料成分百分比的最小值还应满足条件

$$\sum_{i=1}^{p} a_i < 1$$

本例假设 $a_1=0.3$，$a_2=0$，$a_3=0$。

第三步，先从专业知识的角度确定需要估计回归方程的次数 d，然后根据混料成分的个数 p 和回归方程的次数 d，选择适当的单纯形格子设计表。本例 $d=2$。于是选择 $\{3，2\}$ 单纯形格子设计表，见表 7-4。

表 7-4　$\{3，2\}$ 单纯形格子设计试验方案和试验结果

试验号（处理）	试验设计			试验方案			试验指标
	x_1	x_2	x_3	Z_1	Z_2	Z_3	
1	1	0	0	1	0	0	5.27
2	0	1	0	0.3	0.7	0	6.74
3	0	0	1	0.3	0	0.7	6.92
4	1/2	1/2	0	0.65	0.35	0	6.34
5	1/2	0	1/2	0.65	0	0.35	6.64
6	0	1/2	1/2	0.3	0.35	0.35	6.94

第四步，确定各成分的实际百分比 Z_i 与编码值之间的对应关系，其转换公式为

$$Z_i = \left(1 - \sum_{j=1}^{p} a_j\right) x_i + a_i$$

将 $a_1=0.3$，$a_2=0$，$a_3=0$ 代入，可得 $Z_1=0.7x_1+0.3$，$Z_2=0.7x_2$，$Z_3=0.7x_3$。

第五步，根据上式计算各试验点各成分的实际百分比，形成 $\{3，2\}$ 单纯形格子设计的经验方案，经试验得各点试验指标 y，见表 7-4。

第六步，统计分析，单纯形格子设计统计分析的主要内容是由试验结果计算回归方程中的回归系数，从而得到确定的回归方程。

在单纯形格子设计中，回归方程的回归系数可将表 7-4 的试验点 $(x_{1i}, x_{2i}, x_{3i}, y_i)$，$i=1, \cdots, 6$ 分别代入回归方程求出，也可利用多元线性回归方程系数的求法由试验点 $(x_{1i}, x_{2i}, x_{3i}, x_{1i}x_{2i}, x_{1i}x_{3i}, x_{2i}x_{3i}, y_i)$，$i=1, \cdots, 6$ 确定。本例的回归方程是

$$\hat{y} = 5.27x_1 + 6.74x_2 + 6.92x_3 + 1.34x_1x_2 + 2.18x_1x_3 + 0.44x_2x_3 \text{（编码）} \quad (7\text{-}5)$$
$$\hat{y} = 5.27Z_1 + 6.55Z_2 + 6.29Z_3 + 2.73Z_1Z_2 + 4.45Z_1Z_3 + 0.90Z_2Z_3 \text{（实际）} \quad (7\text{-}6)$$

式（7-5）由编码试验点得出，式（7-6）由实际试验点得出，也可将 $x_1 = (z_1 - 0.3)/0.7$，$x_2 = z_2/0.7$，$x_3 = z_3/0.7$ 代入式（7-5）得

$$\hat{y} = \frac{5.27(z_1 - 0.3)}{0.7} + \frac{6.74 z_2}{0.7} + \frac{6.92 z_3}{0.7} + \frac{1.34 \left[\frac{z_1 - 0.3}{0.7}\right] z_2}{0.7} +$$

$$\frac{2.18 \left[\frac{z_1 - 0.3}{0.7}\right] z_3}{0.7} + 0.44 \frac{z_2}{0.7} \frac{z_3}{0.7}$$

$$\hat{y} = -2.26 + 7.53 z_1 + 8.81 z_2 + 8.55 z_3 + 2.73 z_1 z_2 + 4.45 z_1 z_3 + 0.90 z_2 z_3 \text{（实际）}$$

式（7-5）中 y 的最大值是 6.96，最大值点 $(x_1, x_2, x_3) = (0.061, 0.207, 0.732)$。由 $Z_1 = 0.7 x_1 + 0.3$，$Z_2 = 0.7 x_2$，$Z_3 = 0.7 x_3$ 变换成实际值是

$(Z_1, Z_2, Z_3) = (0.7 \times 0.061 + 0.3, 0.7 \times 0.207, 0.7 \times 0.732) = (0.34, 0.15, 0.51)$

式（7-6）中 y 的最大值是 6.96，最大值的点是

$(Z_1, Z_2, Z_3) = (0.34, 0.15, 0.51)$

结论是：混料中的 3 中成分各占 34%、15%、51%时，试验指标 y 最大，达到 6.96 的等高线如图 7-2 所示。

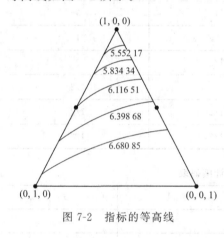

图 7-2　指标的等高线

说明：（1）在单纯形格子设计中　①最大值点可能有多个，根据实际选择；②最值点可用 Excel 的规划求解算出；③利用多元线性回归方程求回归系数时，应不含常数项。

（2）成分下界　在 (p, d) 单纯形格子设计的混料试验中，绝大多数试验点混料的成分中都有一个或几个成分为零。但在实际工作中，不等于零的成分是大多数，而且一般情况下也不允许大多数成分为零，否则就失去了进行混料试验的意义。因此，【例 7-1】实质上属于有下界约束的混料设计，各混料成分的取值有最小值的限制。这就避免了混料中部分成分为零的问题。

（3）方程的检验　通过混料试验的结果分析，可以得到相应的回归方程。该回归方程是否能够描述所研究的整个混料系统，尚需进行检验。要完成检验，可能需要增加试验点。

第三节　单纯形重心设计

在一个 $\{p, d\}$ 单纯形格子试验设计中，当回归模型的阶数 $d \geqslant 3$ 时，某些混料各组分的比例不相等。能否对单纯形格子试验设计进行适当的改进，使试验中各组分的比例相同呢？另外，单纯形格子试验设计的试验次数还比较多（试验次数可以通过公式 C_{n+d-1}^d 计算），能否进一步减少试验次数呢？为了改进这一缺陷，Scheffe 提出了一种只考虑有相等非零坐标的单纯形重心试验设计，对单纯形格子试验设计加以改进。

一、单纯形重心设计试验方案的确定

对于 $\{p, d\}$ 单纯形重心设计，试验点的组成如下：

P 个顶点 $(1, 0, \cdots, 0), \cdots, (0, 0, \cdots, 1)$，共有 C_p^1 个排列点；

以 $\left[\dfrac{1}{2}, \dfrac{1}{2}, 0, 0, \cdots, 0\right]$ 为代表的两个顶点的重心点共有 C_p^2 个；

以 $\left[\dfrac{1}{3}, \dfrac{1}{3}, \dfrac{1}{3}, 0, 0, \cdots, 0\right]$ 为代表的三个顶点的重心点共有 C_p^3 个；

……

以 $\left[\dfrac{1}{d}, \dfrac{1}{d}, \cdots, \dfrac{1}{d}, 0, \cdots, 0\right]$ 为代表的 p 个顶点的重心点共有 C_p^d 个（注意试验次数等于回归方程系数个数）。

这些试验点的坐标不依赖于 d。表 7-5、表 7-6 列出了 $\{3，3\}$、$\{4，3\}$ 单纯形重心设计编码表。

表 7-5　$\{3，3\}$ 单纯性重心设计编码表

试验号	x_1	x_2	x_3
1	1	0	0
2	0	1	0
3	0	0	1
4	1/2	1/2	0
5	1/2	0	1/2
6	0	1/2	1/2
7	1/3	1/3	1/3

表 7-6　$\{4，3\}$ 单纯性重心设计编码表

试验号	x_1	x_2	x_3	x_4
1	1	0	0	0
2	0	1	0	0
3	0	0	1	0
4	0	0	0	1
5	1/2	1/2	0	0
6	1/2	0	1/2	0
7	1/2	0	0	1/2
8	0	1/2	1/2	0
9	0	1/2	0	1/2
10	0	0	1/2	1/2
11	1/3	1/3	1/3	0
12	1/3	1/3	0	1/3
13	1/3	0	1/3	1/3
14	0	1/3	1/3	1/3

$\{p, d\}$ 单纯形重心设计的回归方程为

$$\hat{y} = \sum_{i=1}^{p} b_i x_i + \sum_{i<j}^{p} b_{ij} x_i x_j + \sum_{i<j<k}^{p} r_{ijk} x_i x_j x_k + \cdots + \sum_{i_1<i_2<\cdots<i_d} b_{i_1 i_2 \cdots i_d} x_{i_1} x_{i_2} \cdots x_{i_d}$$

其需要计算的回归系数个数与试验次数相等。

二、单纯形重心设计结果分析

与单纯形格子设计一样，单纯形重心设计回归方程中回归系数的计算也很方便。

将试验点与试验指标 y 代入回归方程。如以 $(1, 0, 0, \cdots, 0)$，为代表的各试验点各成分编码值及其相应的试验结果值代入回归方程，即可得到单一成分的回归系数等，也可利用多元线性回归方程系数的求法，由试验点 $(x_{1i}, x_{2i}, \cdots, x_{1i}, x_{2i}, \cdots, x_{1i}, x_{2i}, \cdots x_{di}, \cdots, y_i)$ $i = 1, \cdots, n$ 确定。

【例 7-2】 在某配合饲料生产中，有 Z_1、Z_2、Z_3、Z_4 四种预混料，假定它们的用量最小值分别为 $a_1 = 0.30$，$a_2 = 0.16$，$a_3 = 0.04$，$a_4 = 0.20$，试安排 $\{4, 3\}$ 单纯形重心设计试验方案。

在 $\{4, 4\}$ 单纯形重心设计编码表（见表 7-7），选择前 $C_4^1 + C_4^2 + C_4^3 = 14$ 号试验点构成 $\{4, 3\}$ 单纯形重心设计的试验点，其设计编码表见表 7-7。

表 7-7 　　$\{4, 2\}$ 单纯形重心设计试验方案和试验结果

试验号 (处理)	试验设计（编码）				试验方案（实际）				试验指标
	x_1	x_2	x_3	x_4	Z_1	Z_2	Z_3	Z_4	
1	1	0	0	0	0.60	0.16	0.04	0.20	14.6
2	0	1	0	0	0.30	0.46	0.04	0.20	14.9
3	0	0	1	0	0.30	0.16	0.34	0.20	13.8
4	0	0	0	1	0.30	0.16	0.04	0.50	14.2
5	1/2	1/2	0	0	0.45	0.31	0.04	0.20	12.8
6	1/2	0	1/2	0	0.45	0.16	0.19	0.20	13.3
7	1/2	0	0	1/2	0.45	0.16	0.04	0.35	13.5
8	0	1/2	1/2	0	0.30	0.31	0.19	0.20	13.6
9	0	1/2	0	1/2	0.30	0.31	0.04	0.35	13.4
10	0	0	1/2	1/2	0.30	0.16	0.19	0.35	12.6
11	1/3	1/3	1/3	0	0.40	0.26	0.14	0.20	13.0
12	1/3	1/3	0	1/3	0.40	0.26	0.04	0.3	12.4
13	1/3	0	1/3	1/3	0.40	0.16	0.14	0.30	13.2
14	0	1/3	1/3	1/3	0.30	0.26	0.14	0.30	13.6

由 $Z_i = \left(1 - \sum_{j=1}^{p} a_j\right) x_i + a_i (a_i \leqslant Z \leqslant 1)$ 式可得各成分实际因素与编码因素之间的关系为

$$Z_1 = 0.3x_1 + 0.30$$
$$Z_2 = 0.3x_2 + 0.16$$
$$Z_3 = 0.3x_3 + 0.04$$
$$Z_4 = 0.3x_4 + 0.20$$

将各试点编码值代入上式求得实际值，将编码值换为实际值即得到试验方案，见表 7-7。

按照【例 7-2】编制的试验方案进行试验，结果见表 7-7 的最后一列。由各试验点编码值与试验指标 y 得编码表示的回归方程

$$\hat{y} = 14.6x_1 + 14.9x_2 + 13.8x_3 + 14.2x_4 - 7.8x_1x_2 -$$
$$3.6x_1x_3 - 3.6x_1x_4 - 3.0x_2x_3 - 4.6x_2x_4 - 5.6x_3x_4 +$$
$$4.5x_1x_2x_3 - 10.5x_1x_2x_4 + 11.4x_1x_3x_4 + 20.7x_2x_3x_4$$

将其转化成用实际因素表示的回归方程

$$\hat{y} = -41.82 + 166.67Z_1Z_2Z_3 - 388.89Z_1Z_2Z_4 + 422.22Z_1Z_3Z_4 + 766.67Z_2Z_3Z_4 +$$
$$64.13Z_1 + 72.02Z_2 + 133.64Z_3 + 61.31Z_4 - 15.56Z_1Z_2 - 151.11Z_1Z_3 +$$
$$5.33Z_1Z_4 - 236.67Z_2Z_3 + 34.89Z_2Z_4 - 311.56Z_3Z_4$$

由各试验点实际值与试验指标 y 得到实际的回归方程

$$\hat{y} = 22.31Z_1 + 30.20Z_2 + 91.82Z_3 + 19.49Z_4 - 15.56Z_1Z_2$$
$$-151.11Z_1Z_3 + 5.33Z_1Z_4 - 236.67Z_2Z_3 + 34.89Z_2Z_4 - 311.56Z_3Z_4$$
$$+166.67Z_1Z_2Z_3 - 388.89Z_1Z_2Z_4 + 422.11Z_1Z_3Z_4 + 766.67Z_2Z_3Z_4$$

第四节　Design Expert 的混料试验设计与统计分析

Design Expert 是一款专门面向试验设计以及相关分析的软件，和其他一些经典的专业数理统计分析软件比如 JMP，SAS，Minitab 相比，它就是一个专注于试验设计的工具软件，集成了试验设计、回归方程的检验、最值点、定值点的确定功能，使用简单直接，为相关研究提供了很好的工具。利用这款软件可以设计出高效的试验方案，并对试验数据做专业的分析，给出全面、可视的模型以及优化结果。另外，目前试验设计、统计分析要求规范化，目前是能够尽可能客观的反映实际，因此，利用现有的、公众的计算机软件进行试验设计与数据处理显得越来越重要。现以实例说明应用 Design Expert 进行混料设计及统计分析。

【例 7-3】　某咀嚼片的余味降低了该产品的价值，现添加 4 种成分（A、B、C、D，其中 C 的含量≥10%）的不同组合对咀嚼片感官品质的影响进行评价，4 种成分的何种比例的混料能使余味最小。采用单纯形重心设计。使用 Design-Expert 进行设计与分析。

以下说明使用方法，见图 7-3（a）～图 7-3（h）。

由图 7-3（i）的方差分析，Model 的 $p = 0.001$，回归方程表示变量间的关系是极显著的，回归方程可以应用。下面利用回归方程寻找某种比例的混料，使咀嚼片的余味最小。操作方法见图 7-3（j），图 7-3（k）。

由图 7-3（k）计算结果可知，（A，B，C，D）=（0，51.3%，10%，38.7%）时，余味最小，值为 5.150。

还可以做等高线如图 7-3（l）、3D 图如图 7-3（m）所示。

图 7-3 (a)　开始一个新的设计

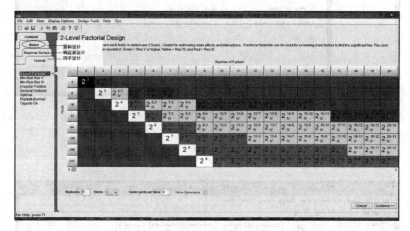

图 7-3 (b)　选择混料设计

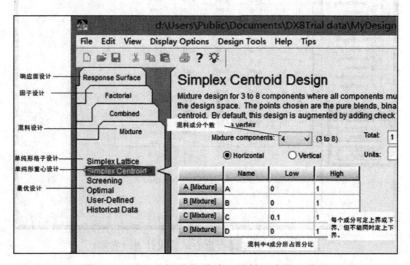

图 7-3 (c)　选择最优设计、混料组成数、范围

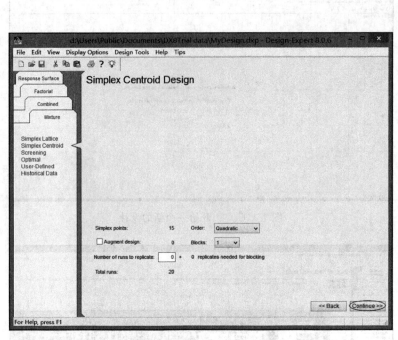

图 7-3 (d)　选择试验次数

图 7-3 (e)　单纯形重心试验设计表（实际）

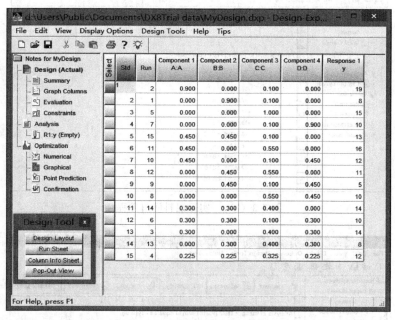

图 7-3 （f）　试验数据表（编码）

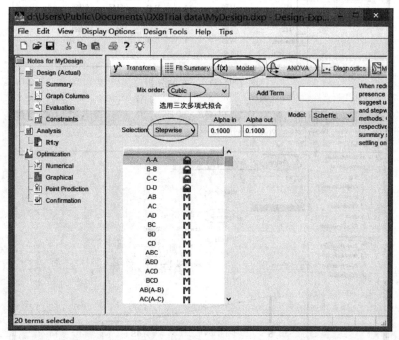

图 7-3 （g）　选择模型，逐步回归，运行方差分析

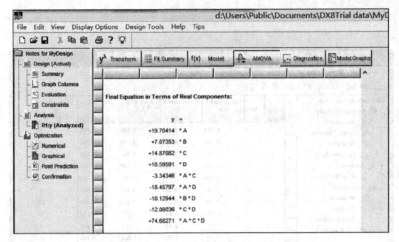

图 7-3 （h）　实际混料回归方程

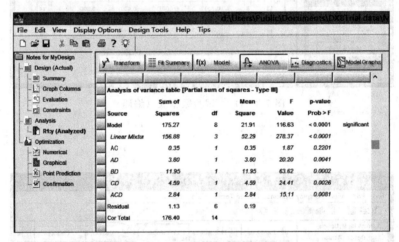

图 7-3 （i）　方差分析

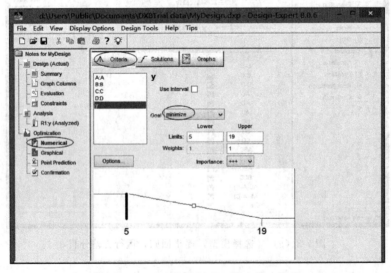

图 7-3 （j）　选优值标准、最小值、计算

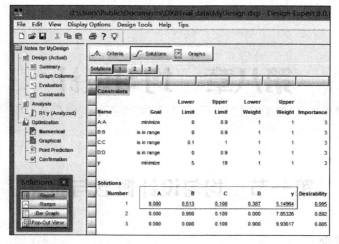

图 7-3 (k)　计算结果

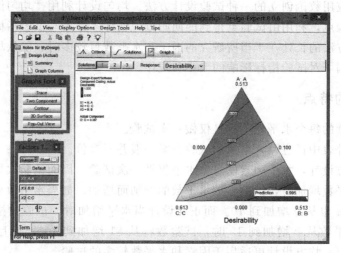

图 7-3 (l)　等高线图

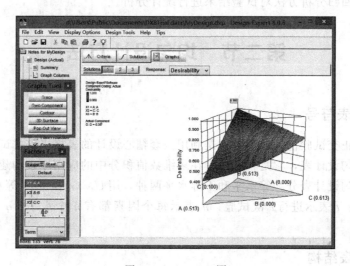

图 7-3 (m)　3D 图

第八章　均匀设计

第一节　均匀设计概念与特点

一、均匀设计概念

均匀设计是应用数论创立的一种试验设计方法。均匀设计利用"均匀设计表"安排多因素、多水平的试验点，利用由试验点得到的回归方程估计多因素与试验指标的关系，进而得到优化搭配。该方法的长处在于当所研究的因子和水平数目较多时，能从尽可能少的试验次数中揭示出试验因子对试验指标影响的大小和规律。

二、均匀设计的特点

（1）每个因素的每个水平做一次且仅做一次试验。

（2）均匀设计表中任意两列组成的试验方案一般并不等价。

（3）采用均方设计，每个因素的每个水平仅做一次试验，因而试验次数与最高水平数相等。当因素的水平数增加时，试验数随水平数的增加而增加。如当水平数从九水平增加到十水平时，试验数 n 也从 9 增加到 10。而正交设计当水平增加时，试验数按水平数的平方比例在增加。当水平数从 9 增加到 10 时，试验数将从 81 增加到 100，而且试验效果基本相同。由于这个特点，均方设计更适用于因素和水平数较多的试验。

（4）可采用回归分析方法对试验结果进行统计分析。

第二节　均匀设计方法

一、均匀设计表符号

均匀设计与正交试验设计相似，也是利用一套精心设计的表格来安排试验。均匀设计所用的表格称为均匀设计表，它是根据数论在多维数值积分中的应用原理构建的，是均匀设计的基本工具，均匀设计表分为等水平和不等水平两种，用 U_t（n^q）表示等水平均匀设计表：U 表示均匀设计；t 表示进行 t 次试验；n 表示每个因素都有 n 个水平；q 表示最多允许安排 q 个因素。

二、均匀设计表结构

（1）每个均匀设计表均附有其使用表。

（2）使用表的列号表示因素应占的列。

（3）水平数为奇数的均匀设计表和水平数为偶数的均匀设计表之间具有确定的关系。将奇数表划去最后一行，得到水平数比原奇数表少 1 的偶数表；相应地，试验次数也减少，而使用表不变。

（4）均匀设计表分为"等水平均匀设计表"和"混合水平均匀设计表"。例如，U_{13}（13^{12}）为"等水平均匀设计表"，而 U_{10}（$5^2 \times 2^1$）为"混合水平设计表"。U_{13}（13^{12}）（见表 8-1）可研究每个因素 13 个水平的问题，如果因素是 A、B、C3 个，每个因素 13 个水平，由表 8-2 可知列号 1、3、4，表中，列 1 对 A、3 对 B、4 对 C，试验点是（A，B，C）=（1，3，4）、（2，6，8）、…、（13，13，13）。

表 8-1　U_{13}（13^{12}）表

试验号	列数											
	1	2	3	4	5	6	7	8	9	10	11	12
1	1	2	3	4	5	6	7	8	9	10	11	12
2	2	4	6	8	10	12	1	3	5	7	9	11
3	3	6	9	12	2	5	8	11	1	4	7	10
4	4	8	12	3	7	11	2	6	10	1	5	9
5	5	10	2	7	12	4	9	1	6	11	3	8
6	6	12	5	11	4	10	3	9	2	8	1	7
7	7	1	8	2	9	3	10	4	11	5	12	6
8	8	3	11	6	1	9	4	12	7	2	10	5
9	9	5	1	10	6	2	11	7	3	12	8	4
10	10	7	4	1	11	8	5	2	12	9	6	3
11	11	9	7	5	3	1	12	10	8	6	4	2
12	12	11	10	9	8	7	6	5	4	3	2	1
13	13	13	13	13	13	13	13	13	13	13	13	13

表 8-2　U_{13}（13^{12}）的使用表

因素数	列　号
2	1　5
3	1　3　4
4	1　6　8　10
5	1　6　8　9　10
6	1　2　6　8　9　10
7	1　2　6　8　9　10　12

【例 8-1】　缩醛化的均匀设计试验。本试验 5 个因素，各因素均为 7 水平，见表 8-3。

表 8-3 试验的因素水平表

因　素	水　平						
	1	2	3	4	5	6	7
$X1$:温度/℃	64	66	68	70	72	74	76
$X2$:时间/min	14	16	18	20	22	24	26
$X3$:甲醛/(g/L)	18	20	22	24	26	28	30
$X4$:硫酸/(g/L)	206	212	218	224	230	236	242
$X5$:芒硝/(g/L)	70	70	85	85	85	100	100

（1）选用均匀设计表　用 U_7 (7^6) 表试验点为 7 个，试验点显少，对回归方程控制有可能欠佳，因此增加试验点为 14 个，选用 U_{14} (14^8) 表 [U_{14} (14^8) 表为 U_{15} (15^8) 表删除最后一行]，并根据其使用表选用 1、2、3、4、7 列依次安排 5 个试验因素 $X1 \sim X5$。由于 U_{14} (14^8) 为 14 水平表，而本试验 5 个因素均为 7 水平，因此采用拟水平法将 U_{14} (14^8) 表中 1、2、3、4、7 列的 1、2 水平取为对应于该列因素的在因素水平表中的（1）水平等，即 1、2→（1），3、4→（2），…，13、14→（7）。

（2）列出试验方案　见表 8-4。

（3）列出试验结果表　见表 8-4 右半部分。

表 8-4 试验方案

处理号	列号					列号					醛化度 y
	1	2	3	4	5	1	2	3	4	5	
	因素与水平					实际水平					
	$X1$ 温度	$X2$ 时间	$X3$ 甲醛	$X4$ 硫酸	$X5$ 芒硝	$X1$ 温度	$X2$ 时间	$X3$ 甲醛	$X4$ 硫酸	$X5$ 芒硝	
1	1	2	4	7	13	64	14	20	224	100	24.08
2	2	4	8	4	11	64	16	24	242	100	28.59
3	3	6	12	16	9	66	18	28	218	85	27.88
4	4	8	1	13	7	66	20	18	242	85	27.99
5	5	10	5	5	5	68	22	22	218	85	27.77
6	6	12	9	12	3	68	24	26	236	70	31.21
7	7	14	13	4	1	70	26	30	212	70	30.83
8	8	1	2	11	14	70	14	18	236	100	25.67
9	9	3	6	3	12	72	16	22	212	100	25.31
10	10	5	10	10	10	72	18	26	230	85	31.53
11	11	7	14	2	8	74	20	30	206	85	28.03
12	12	9	3	9	6	74	22	20	230	85	31.31
13	13	11	7	1	4	76	24	24	206	70	29.16
14	14	13	11	8	2	76	26	28	224	70	36.36

第三节　均匀设计试验数据的统计分析与 SPSS 应用

（1）建立 y 对 $X1$、$X2$、$X3$、$X4$、$X5$ 的回归方程（一般用多元二次回归，如需要可用更高次），并检验。

$$\hat{y}=b_o+\sum_{i=1}^{5}b_iX_i+\sum_{i>1}^{5}b_iX_i^2+\sum_{i<j}^{5}X_ij_i$$

（2）如果回归方程经检验可用（模型显著），利用回归方程寻找优化搭配。

（3）对于优化分配，补充试验以验证其是否正确。例如，优化搭配与（76，26，28，224，70）各进行一次试验，对比结果进行验证。

确定回归方程的样本点，数据格式是（X_1，$\cdots X_5$，X_1^2，$\cdots X_5^2$，X_1X_5，$\cdots X_4X_5$，y），利用多元线性回归方程求法确定系数。SPSS 数据格式及操作方法见图 8-1～图 8-3。

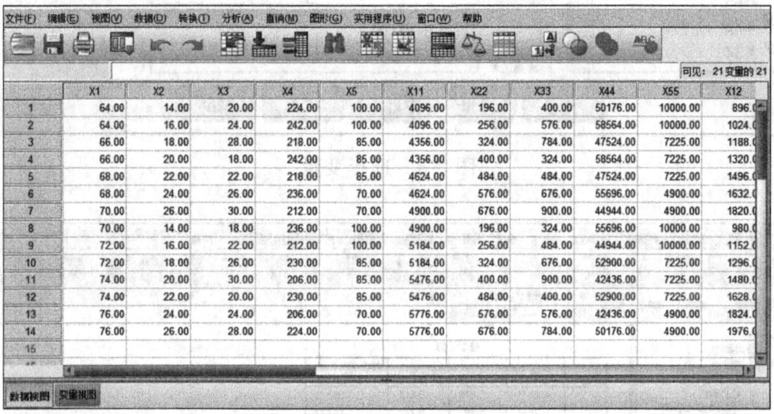

	X1	X2	X3	X4	X5	X11	X22	X33	X44	X55	X12
1	64.00	14.00	20.00	224.00	100.00	4096.00	196.00	400.00	50176.00	10000.00	896.
2	64.00	16.00	24.00	242.00	100.00	4096.00	256.00	576.00	58564.00	10000.00	1024.
3	66.00	18.00	28.00	218.00	85.00	4356.00	324.00	784.00	47524.00	7225.00	1188.
4	66.00	20.00	18.00	242.00	85.00	4356.00	400.00	324.00	58564.00	7225.00	1320.
5	68.00	22.00	22.00	218.00	85.00	4624.00	484.00	484.00	47524.00	7225.00	1496.
6	68.00	24.00	26.00	236.00	70.00	4624.00	576.00	676.00	55696.00	4900.00	1632.
7	70.00	26.00	30.00	212.00	70.00	4900.00	676.00	900.00	44944.00	4900.00	1820.
8	70.00	14.00	18.00	236.00	100.00	4900.00	196.00	324.00	55696.00	10000.00	980.
9	72.00	16.00	22.00	212.00	100.00	5184.00	256.00	484.00	44944.00	10000.00	1152.
10	72.00	18.00	26.00	230.00	85.00	5184.00	324.00	676.00	52900.00	7225.00	1296.
11	74.00	20.00	30.00	206.00	85.00	5476.00	400.00	900.00	42436.00	7225.00	1480.
12	74.00	22.00	20.00	230.00	85.00	5476.00	484.00	400.00	52900.00	7225.00	1628.
13	76.00	24.00	24.00	206.00	70.00	5776.00	576.00	576.00	42436.00	4900.00	1824.
14	76.00	26.00	28.00	224.00	70.00	5776.00	676.00	784.00	50176.00	4900.00	1976.
15											

图 8-1　SPSS 上数据格式

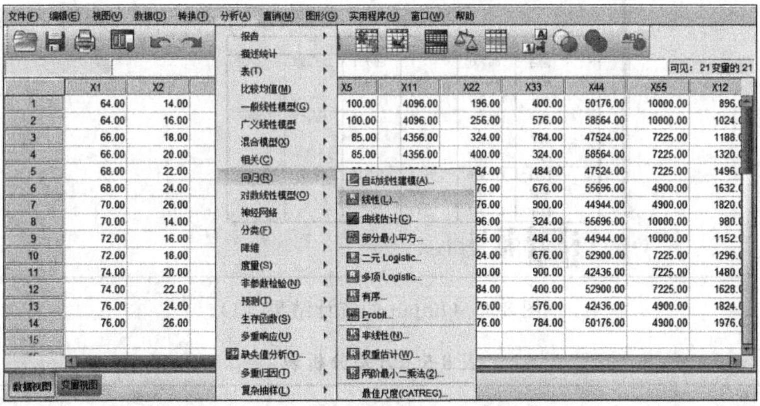

图 8-2　运行线性回归

选择逐步回归确定回归方程，用以将对因变量影响不显著的自变量项排除。由图 8-4 回归方程系数表可知，优化的五元二次回归方程是

$$\hat{y}=-12.077+0.002X_2X_4+0.002X_1X_4+0.002X_3X_4$$

图 8-4 的方差分析表用中文表示见表 8-5。

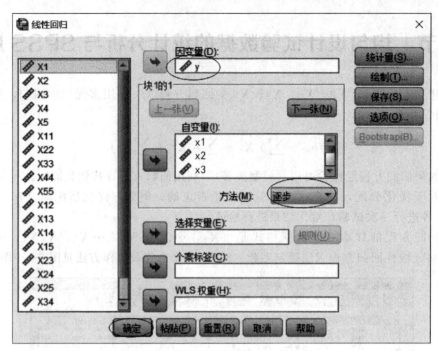

图 8-3　选择变量

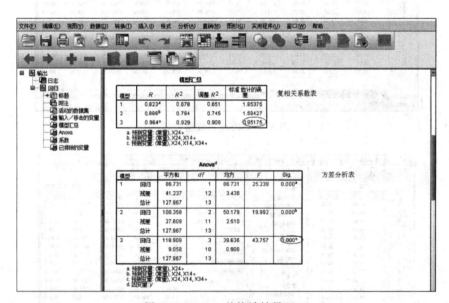

图 8-4　Output 的统计结果（1）

表 8-5　方差分析表

模型	SS	df	MS	F	Sig.
回归	118.9091756	3	39.63639187	43.75735	4.67×10^{-6}
剩余	9.058224378	10	0.905822438		
总的	127.9674	13			

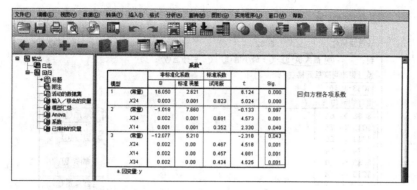

图 8-4　Output 的统计结果（2）

方差分析表中显著性水平 Sig.＝0.000≤0.01，回归方程变量间关系是极显著的。

现利用 $\hat{y}=-12.077+0.002x_2x_4+0.002x_1x_4+0.002x_3x_4$ 找出 y 最大的一个优化搭配。注：以上计算结果保留小数点后 3 位，在 Output 中，双击某数可得到保留小数点后 8 位的精确数字。

利用 Excel 的规划求解功能，求最大值，方法见图 8-5～图 8-8。

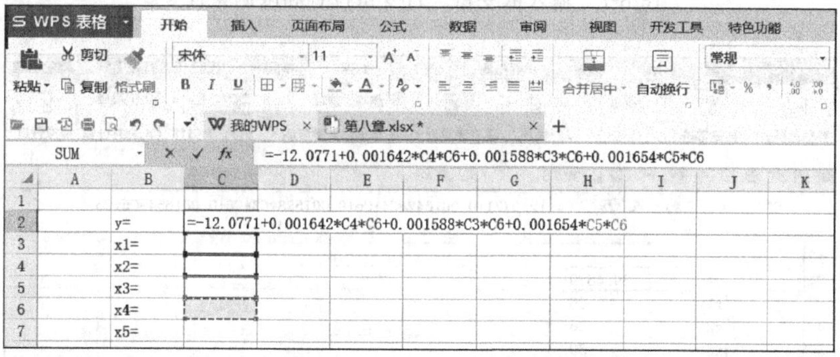

图 8-5　输入回归表达式

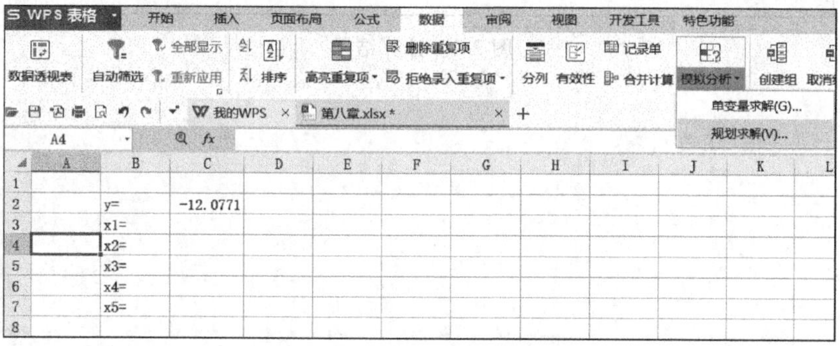

图 8-6　运行规划求解程序

由图 8-8 计算结果得到一个优化搭配：

$(x_1, x_2, x_3, x_4, x_5)=(76, 26, 30, 242, 70)$ $y=39.4689$。其中 x_5 不影响 y，取最小量 70。寻找优化搭配要根据实际情况约束 x，以达到最佳的目标。

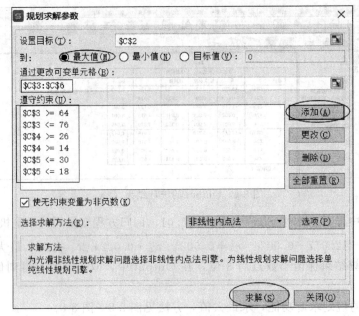

图 8-7 输入依变量、自变量位置和限制条件

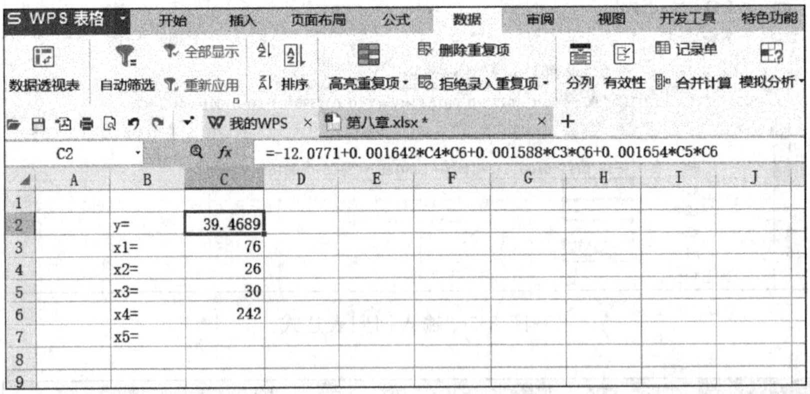

图 8-8 计算结果

第九章　聚类分析

第一节　聚类分析的概念

聚类的基本思想：距离相近的样品（或变量）先聚成类，距离相远的后成类，此过程一直进行下去，每个样品（或变量）总能聚到合适的类中。聚类分析时，涉及样品（或变量）的特征指标选择，特征指标选用的正确与否是聚类分析成功的关键。

在实际研究中，可以考虑元素的多个特征指标。

设元素的特征指标是 $(x_1, x_2, \cdots, x_m)$，现有 n 个样本点

$$(x_{1i}, x_{2i}, \cdots, x_{mi}) i = 1, \cdots, n$$

可以通过这 n 个样本点的聚类来判断它们所在类的远近程度。

聚类过程：假设总共有 n 样品（或变量），第一步将每个样品（或变量）独自聚成一类，共有 n 类；第二步根据所确定的样品（或变量）"距离"公式，把距离较近的两个样品（或变量）聚合为一类，其他的样品（或变量）仍各自聚为一类，共聚成 $n-1$ 类；第三步将"距离"最近的两个类进一步聚成一类，共聚成 $n-2$ 类……以上步骤一直进行下去，最后将所有的样品（或变量）全聚成一类。

判断两类"相近"的度量，有欧氏距离、相关系数等。距离最小的两样本"最相近"。根据确定类间距离的方法不同，有多个类聚方法，但结论变化不大。

第二节　聚类分析与 SPSS 应用

【例 9-1】　设有 20 个样本分别对 5 个变量的观测数据如表 9-1 所示，希望对观测数据进行分类，并进行聚类分析。

表 9-1　观测数据表

样品号	含沙量 x_1	淤泥含量 x_2	黏土含量 x_3	有机物 x_4	pH 值 x_5
1	77.3	13.0	9.7	1.5	6.4
2	82.5	10.0	7.5	1.5	6.5
3	66.9	20.0	12.5	2.3	7.0
4	47.2	33.3	19.0	2.3	5.8
5	65.3	20.5	14.2	1.9	6.9

样品号	含沙量 x_1	淤泥含量 x_2	黏土含量 x_3	有机物 x_4	pH 值 x_5
6	83.3	10.0	6.7	2.2	7.0
7	81.6	12.7	5.7	2.9	6.7
8	47.8	36.5	15.7	2.3	7.2
9	48.6	37.1	14.3	2.1	7.2
10	61.6	25.5	12.9	1.9	7.3
11	58.6	26.5	14.9	2.4	6.7
12	69.3	22.3	8.4	4.0	7.0
13	61.8	30.8	7.4	2.7	6.4
14	67.7	25.3	7.0	4.8	7.3
15	57.2	31.2	11.6	2.4	6.3
16	67.2	22.7	10.1	3.3	6.2
17	59.2	31.2	9.6	2.4	6.0
18	80.2	13.2	6.6	2.0	5.8
19	82.2	11.1	6.7	2.2	7.2
20	69.7	20.7	9.6	3.1	5.9

使用 SPSS 进行聚类分析，方法见图 9-1～图 9-7。

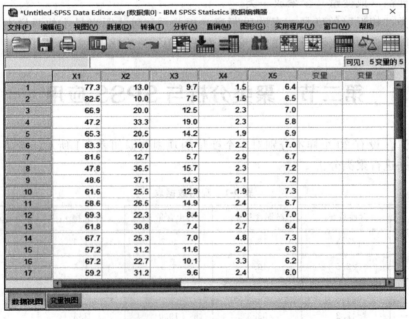

图 9-1　SPSS 试验数据格式

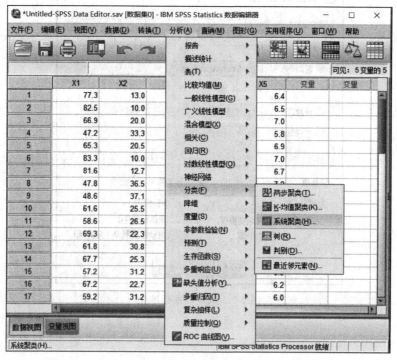

图 9-2　运用聚类分析程序

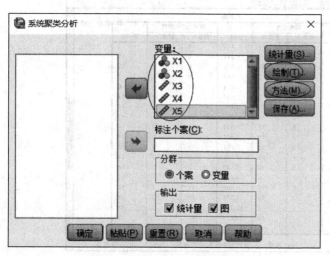

图 9-3　选择变量、图形和方法

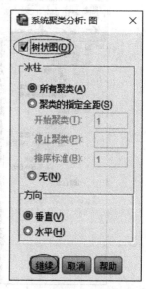

图 9-4　图形选择树状图形

图 9-5　试验数据标准化

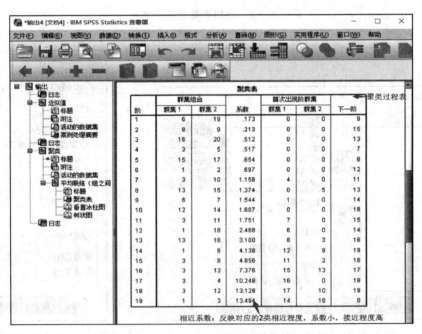

图 9-6　Output 的分析结果聚类过程表

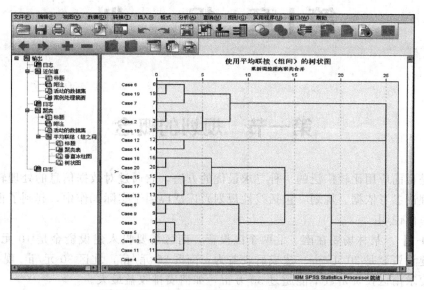

图 9-7　Output 的分析结果聚类分析树状图

得到常用聚类分析树状图，如图 9-8 所示。

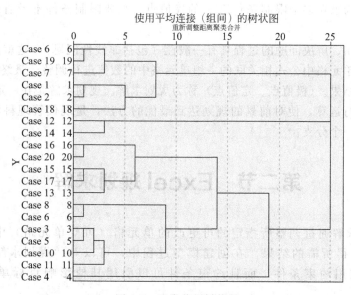

图 9-8　聚类分析树状图

第十章 规 划

第一节 规划的概念

规划是目前应用比较广泛的一种寻求最优的方法，它通过对数据信息的处理转化为规划决策中的理论参考依据。规划（包括线性规划）广泛应用于实际工作中，起到了很好的实际效益。现举例说明。

【例 10-1】 某林场要在南、北两个区投资，南区需要投入建设资金是 10 元/亩，北区需要投入建设资金是 20 元/亩。建成后收益为：南区 20 元/亩，北区 30 元/亩. 现有资金 800 万元，并要求南区投资亩数不能超过 30 万亩，如何安排收益最大。

设南区投入建设 x 亩，北区投入建设 y 亩，取得收益是 z 元。则有

$$z = 20x + 30y$$
$$x \leqslant 300000$$
$$10x + 20y = 8000000$$

这个问题变为求在多个限制条件下 z 的极值点，只要限制条件不矛盾即极值存在，极值点即可求得。

该题目的提出、解决问题的过程具有一般性（包括非线性问题），这就是规划。通过直接或间接与目标单元格中公式相关联的一组单元格中的数值进行调整，最终在目标单元格公式中求得期望的结果。（极值点、定值点）称为规划求解。规划求解是在一定的限制条件下，利用科学方法进行运算，使对前景的规划达到最优的方法，是现代管理科学的一种重要手段，是运筹学的一个分支。

第二节 Excel 规划求解

Excel 规划求解通过调整所指定的可更改的单元格（可变单元格）中的值，从目标单元格公式中求得所需的结果。在创建模型过程中，可以对"规划求解"模型中的可变单元格数值应用约束条件，而且约束条件可以引用其他影响目标单元格公式的单元格。

"规划求解"可利用 Excel 的规划求解功能完成，利用 Excel 规划求解，可以解决产品组合问题、配料问题、下料问题、物资调运问题、任务分配问题、投资效益问题、合理布局问题等。

"规划求解"不仅能求解线性表达式的极值点、定值点，也可求解非解线性表达式的极值点、定值点。这一点在我们平时遇到多元表达式求极值点、定值点的问题时可利用。

【例 10-2】 求 $y=3+2x_1+4x_2+x_1{}^2+7x_2{}^2+3x_1x_2$ 的极值点、定值点问题。

Excel 规划求解使用方法如下所示。

(1)首先要检查 Excel 规划求解功能是否可用,见图 10-1。

图 10-1 说明当前 Excel 有规划求解,否则要调入规划求解程序,调入方法见图 10-2、图 10-3。

(2)求解　方法见图 10-4~图 10-9。

以上各项,逐项输入,输完一项后打编辑栏的对号,再输入下一项。为节省篇幅才放到了一起。

由图 10-9 运算结果知,最大收益 z 是 1350 万元,南北区各建设 30 万、25 万亩。

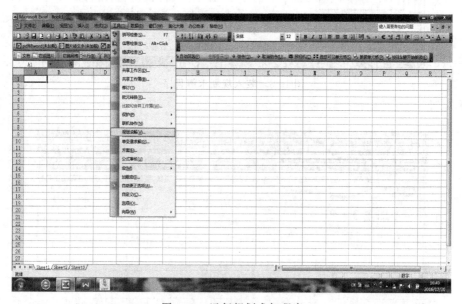

图 10-1　运行规划求解程序

图 10-2　装入程序

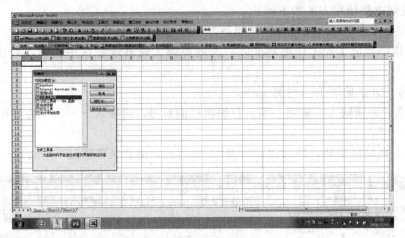

图 10-3　装入规划求解程序

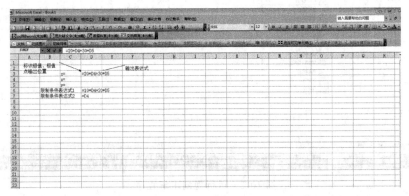

图 10-4　输入表达式和条件

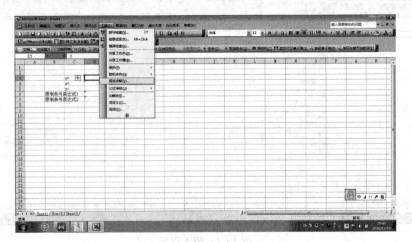

图 10-5　运行规划求解程序

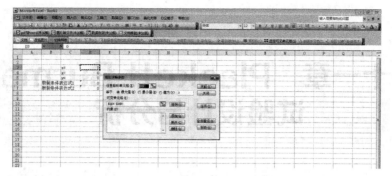

图 10-6　输入依变量、自变量位置添加条件

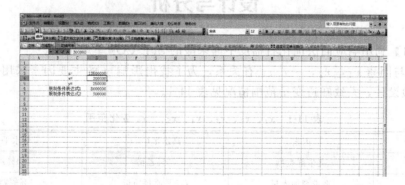

图 10-7　添加条件1

图 10-8　求解

图 10-9　运算结果

第十一章 Plackett-Burman 试验设计与分析

第一节 Plackett-Burman 试验设计与分析的概念

Plackett-Burman 试验设计简称 PB 设计，是 1946 年由 Plackett 和 Burman 在英国"供应部"工作期间提出的一种二水平部分析因设计，主要针对因子数较多时，从多个因素中选取对试验指标有显著影响的因素的方法，是属于响应面试验设计的一种，因此 Plackett-Burman 试验设计是用于中心组合试验之前筛选重要因素的一种试验设计方法，正交试验设计也可用于筛选重要因素。

Plackett-Burman 试验设计是二水平的部分试验设计，通过对每个因子取两水平来进行分析，通过比较各个因子两水平之间的差异来确定因子的显著性。Plackett-Burman 试验设计不能区分主效应与交互效应，但对有显著效应的因子可以确定出来，从而达到筛选的目的。

在实际中经常遇到要求筛选出重要因素的情况，因此 Plackett-Burman 试验设计广泛应用于实际工作中，从众多的考察因素中快速有效地筛选出少数几个最为重要的因素，供下一步研究使用。

Plackett-Burman 试验设计与正交试验设计类似。Plackett-Burman 试验设计的主要作用是筛选主要因素，为其他研究提供参考。下面的例子就是利用 Plackett-Burman 试验设计进行试验，筛选出对试验指标影响显著的主要因子，再对主要因子进行试验，找出试验指标最优的搭配。现具体介绍之。

第二节 Design-Expert 的 Plackett-Burman 设计与分析

【例 11-1】利用响应面法优化石榴皮中熊果酸的 $SFE\text{-}CO_2$ 萃取工艺。

变量 y 与因素 x_1, x_2, ..., x_6 有关系，为了找出影响 y 的主要因素采用了 Plackett-Burman 试验设计，大致知道变量范围情况见表 11-1。

表 11-1 x_1、x_2、x_3、x_4、x_5、、x_6 变化范围

编码	因素	高水平(+)	低水平(一)
x_1	夹带剂类型	75%乙醇	50%乙醇
x_2	夹带剂加入量	7.5%原料质量	5%原料质量
x_3	萃取时间	90min	60min

编码	因素	高水平（＋）	低水平（－）
x_4	萃取温度	60℃	40℃
x_5	萃取压力	45MPa	30MPa
x_6	原料粒度	粗粉 50%	细粉

选取 $N＝12$ 的 Plackeet-Burman 试验设计见表 11-2，由试验设计进行试验，试验结果为表 11-2 的最后一列。

表 11-2　$N＝12$ 的 Plackeet-Burman 试验设计及结果

试验号	x_1	x_2	x_3	x_4	x_5	x_6	$y/(mg/g)$
1	1	1	−1	1	1	1	2.137
2	1	1	−1	−1	−1	1	6.705
3	1	−1	−1	−1	1	−1	5.772
4	−1	1	1	−1	−1	−1	6.361
5	−1	1	1	−1	1	1	5.982
6	−1	1	−1	1	1	−1	2.207
7	−1	−1	−1	−1	−1	1	7.343
8	1	1	1	−1	−1	−1	9.754
9	1	−1	1	1	−1	1	5.835
10	−1	−1	1	1	−1	1	3.380
11	1	−1	1	1	1	−1	2.659
12	−1	−1	1	−1	1	1	4.893

现使用 Design-Expert 的 Plackeet-Burman 进行试验设计与分析，使用方法见图 11-1～图 11-8。

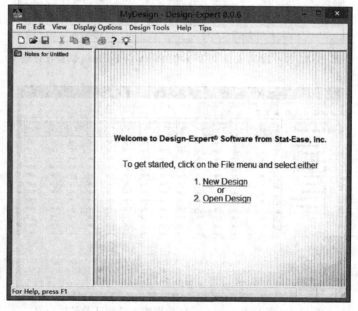

图 11-1　开始一个新的设计

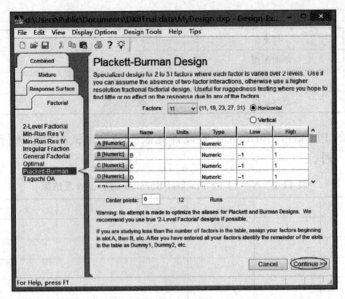

图 11-2　选择 Plackeet-Burman 设计

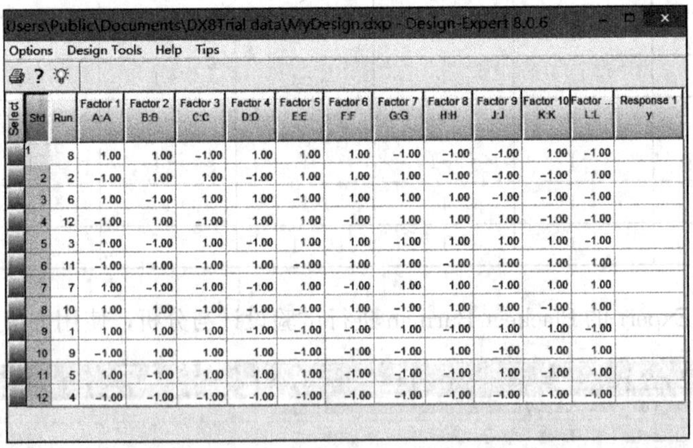

图 11-3　$N=12$ 可安排 11 因素的 Plackeet-Burman 试验设计表

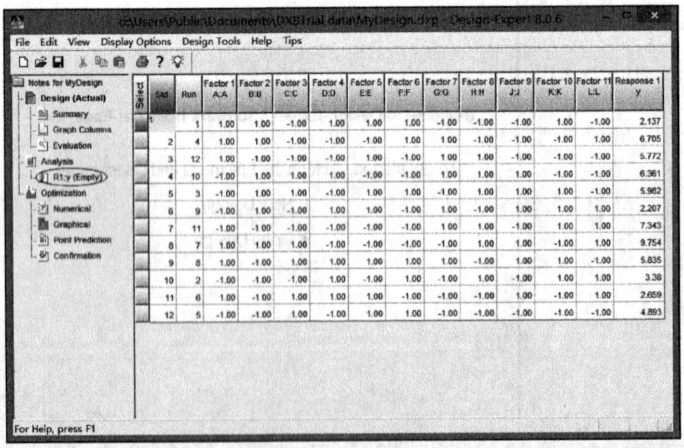

图 11-4　表 11-2 $x_1 \sim x_6$、y 数据输入 A～H 及最后一列

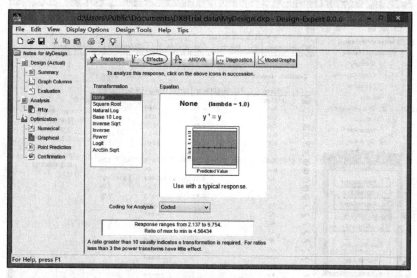

图 11-5　选择变量

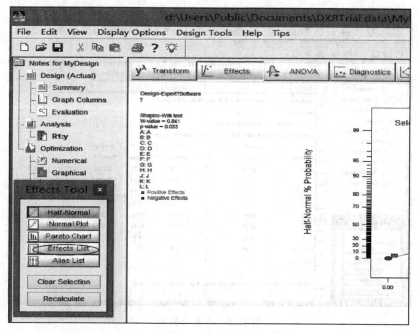

图 11-6　选择变量表

由图 11-8 方差分析表变量的显著性 p 值得大小，确定对试验指标 y 影响的大小，对 y 影响显著且影响从大到小因素的排序是 x_4、x_5、x_3（$p = 0.0006$，$p = 0.0011$，$p = 0.0191$），而其他因素对 y 影响不显著（他们的 p 值都大于 0.05）。

从以上方法可知，Plackeet-Burman 试验设计与分析是通过对设计的试验数据进行方差分析来判断因素的重要性。

本例作者通过对 y 影响显著的 x_4、x_5、x_3 进行了寻优。考虑 x_4、x_5、x_3 因素进行试验，试验设计采用通用旋转组合设计见表 11-3 和图 11-9～图 11-16。

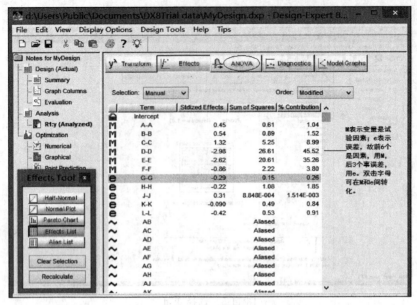

图 11-7　说明因素 A~H

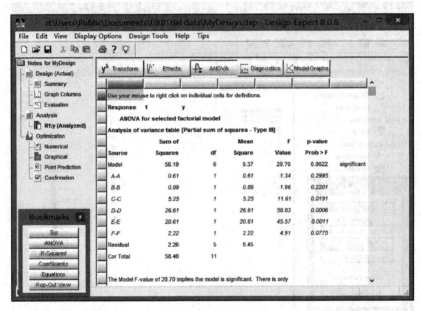

图 11-8　方差分析表

表 11-3　x_4、x_5、x_3 变化范围

x	水平					Δi
	-1.682	-1	0	1	1.682	
x_3	81.59	85	90	95	98.41	5
x_4	39.95	42	45	48	50.05	3
x_5	29.95	32	38	38	40.5	3

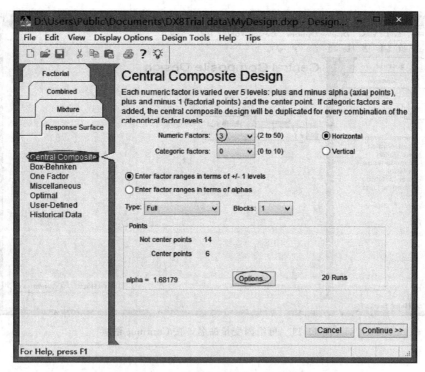

图 11-9　选择中心组合、因素数

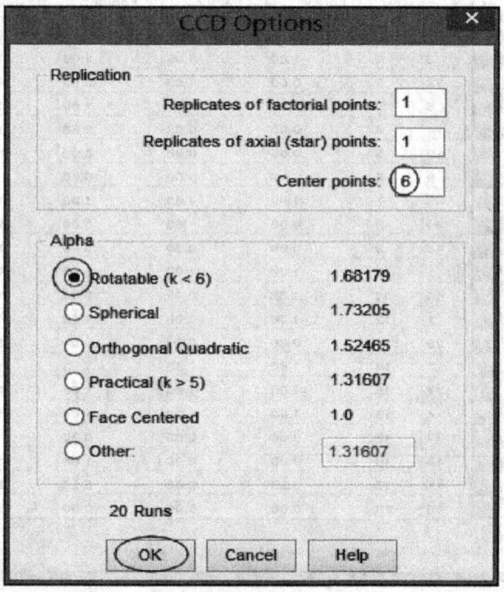

图 11-10　选择通用旋转中心组合设计中心试验次数

D:\Users\Public\Documents\DX8Trial data\MyDesign.dxp - Design...
File Edit View Display Options Design Tools Help Tips
Factorial
Combined
Mixture
Response Surface
Central Composite Design
Responses: 1 (1 to 999)
Name
Units
y
Central Composite
Box-Behnken
One Factor
Miscellaneous
Optimal
User-Defined
Historical Data
<< Back
Continue >>
For Help, press F1

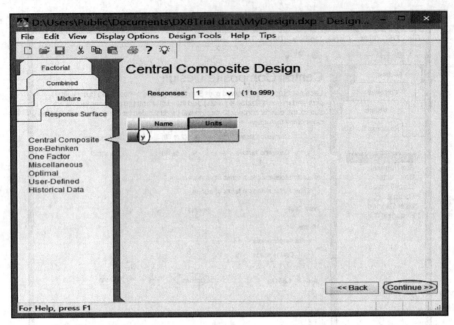

图 11-11　可给因变量命名，按 Continue 继续

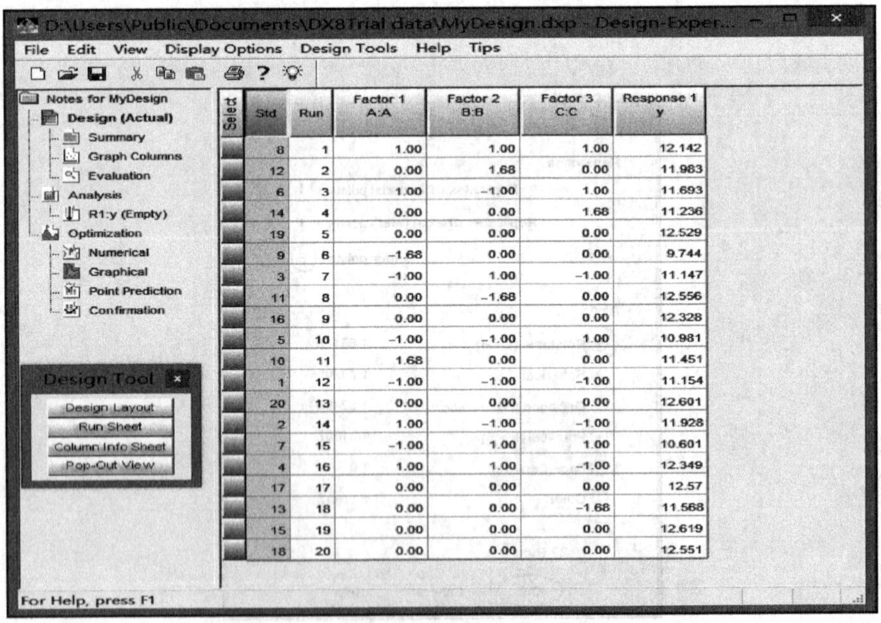

D:\Users\Public\Documents\DX8Trial data\MyDesign.dxp - Design-Exper...
File Edit View Display Options Design Tools Help Tips
Notes for MyDesign
Design (Actual)
Summary
Graph Columns
Evaluation
Analysis
R1:y (Empty)
Optimization
Numerical
Graphical
Point Prediction
Confirmation
Design Tool
Design Layout
Run Sheet
Column Info Sheet
Pop-Out View
Select
Std Run Factor 1 A:A Factor 2 B:B Factor 3 C:C Response 1 y
8 1 1.00 1.00 1.00 12.142
12 2 0.00 1.68 0.00 11.983
6 3 1.00 -1.00 1.00 11.693
14 4 0.00 0.00 1.68 11.236
19 5 0.00 0.00 0.00 12.529
9 6 -1.68 0.00 0.00 9.744
3 7 -1.00 1.00 -1.00 11.147
11 8 0.00 -1.68 0.00 12.556
16 9 0.00 0.00 0.00 12.328
5 10 -1.00 -1.00 1.00 10.981
10 11 1.68 0.00 0.00 11.451
1 12 -1.00 -1.00 -1.00 11.154
20 13 0.00 0.00 0.00 12.601
2 14 1.00 -1.00 -1.00 11.928
7 15 -1.00 1.00 1.00 10.601
4 16 1.00 1.00 -1.00 12.349
17 17 0.00 0.00 0.00 12.57
13 18 0.00 0.00 -1.68 11.568
15 19 0.00 0.00 0.00 12.619
18 20 0.00 0.00 0.00 12.551
For Help, press F1

图 11-12　通用旋转组合设计试验点和试验数据

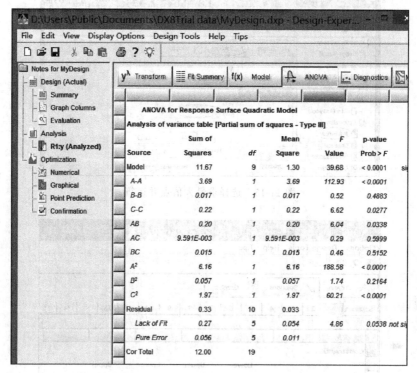

图 11-13 Output 统计分析结果的方差分析

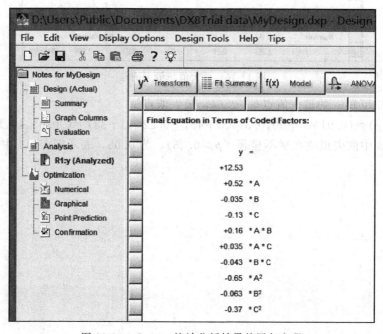

图 11-14 Output 统计分析结果的回归方程

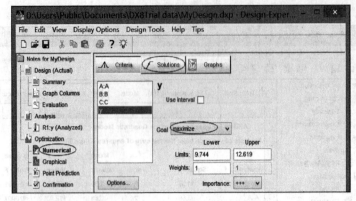

图 11-15　选择求最大值点并运算

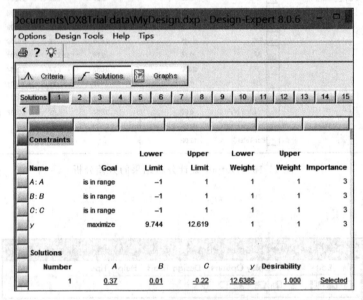

图 11-16　最大值与最大值点

由图 11-16 可知 y 的最大值点是 12.64，最大值点

$(x_3, x_4, x_5) = (0.01 \times 5 + 90, 0.37 \times 3 + 45, -0.22 \times 3 + 38) = (90.05, 46.11, 37.34)$

由图 11-13 中的失拟项水平不显著（$p > 0.05$），为 0.05，表示图 11-14 中的方程拟合度良好。

第十二章 SigmaPlot实例教程

第一节 SigmaPlot 的功能

SigmaPlot 是一款专业的集图形绘制、数据分析于一体的应用软件，可用于绘制准确、高质量的图形和曲线，功能强大，能够支持一百多种 2D、3D 科学图形：2D 图表如散点图、线性图、面积图、极坐标图、柱状图表、水平图表、盒状图、饼图；3D 图形如散点图、线性图、网眼图、柱状图等。在众多国外顶级期刊如 Science、Nature 等发表的论文中，其精致细腻的统计图形大多出自 SigmaPlot 之手。在统计分析中，可以借助于 SigmaPlot 处理试验数据，无需编程，只需要输入试验数据，再选择相应的菜单工具，绘制结果分析图即可，有助于直观、图形化的表达数据结果。

如图 12-1 所示，SigmaPlot 可以绘制多种图形。

图 12-1　图表类型

下面主要讲述点线图、三维散点图、二元系相图三种制图法。

第二节　制作线图

线图是表述数据趋势的重要图形，用直线段将各数据点连接起来，以点线的方式显示数据的变化趋势。数据的递增、递减、增减的速率、增减的规律、峰值等都可以从线图中反映出来，下面举例说明。

【例 12-1】　一定质量浓度的不同体积 Fe^{2+} 标准溶液 5 份，在确定 pH 下，分别与邻二氮菲反应后定容，配成标准溶液，分别测定其在 430、450、470、490、510、530nm 处的吸光度，数据见表 12-1。

表 12-1　Fe^{2+} 标准溶液在不同波长的吸光度测量数据

$\rho(Fe^{2+})$ /（μg/mL）	λ/nm					
	430	450	470	490	510	530
0.4	0.045	0.054	0.062	0.074	0.079	0.055
0.6	0.068	0.082	0.095	0.113	0.120	0.083
0.8	0.091	0.110	0.127	0.150	0.160	0.111
1.0	0.114	0.137	0.158	0.187	0.199	0.139
1.2	0.136	0.164	0.190	0.225	0.239	0.167

打开软件后出现如图 12-2 所示界面。

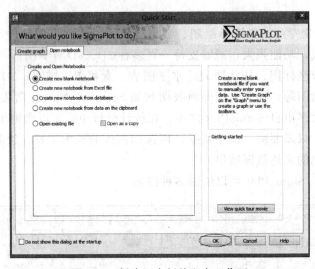

图 12-2　创建一个新的空白工作区

将表 12-1 所示的数据输入数据区中如图 12-3 所示，其中图 12-3（a）演示了数据输入区每一列分别 λ（x）、0.4（y）、0.6（y）、0.8（y）、1.0（y）和 1.2（y），然后点击右键进行更改每列的名称，见图 12-4、图 12-5。创建线图步骤详见图 12-6~图 12-9。

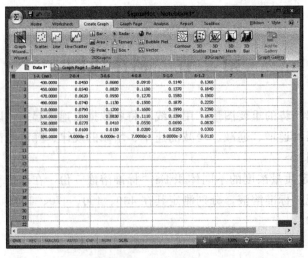

图 12-3　输入数据

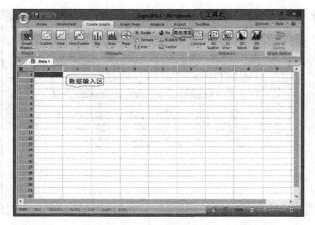

图 12-3（a） 数据输入区

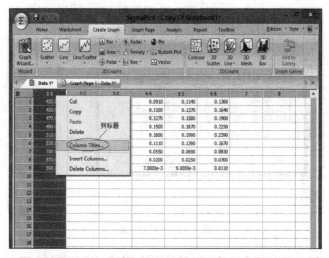

图 12-4 更改列名称

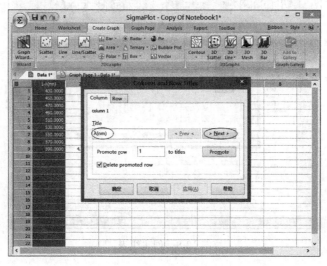

图 12-5 更改列名称

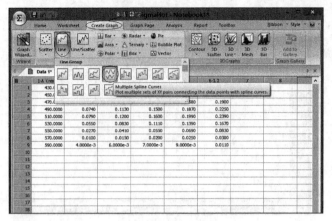

图 12-6　创建线表

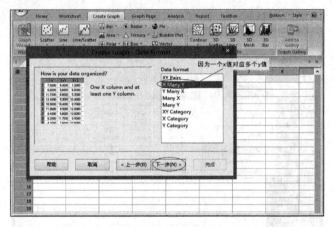

图 12-7　创建线表

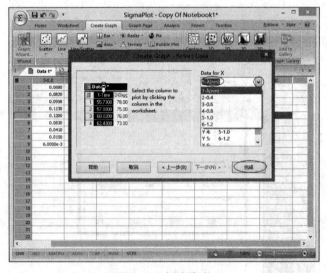

图 12-8　创建线表

按照图 12-8 的方法依次导入 y 轴数据，详见图 12-9。

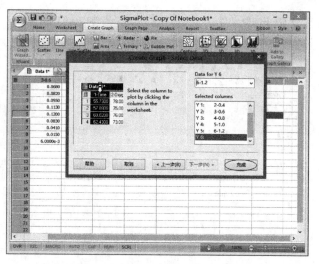

图 12-9　创建线表

双击 x、y 轴的名称可更改相应名称，如图 12-10、图 12-11 所示。也可以通过 Word 文本进行输入，这种方法可以实现字体的美观，较第一种更有优势，详见图 12-12、图 12-13。

图 12-10　更改 x、y 轴的名称

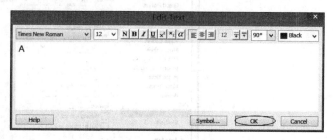

图 12-11　更改 x、y 轴的名称

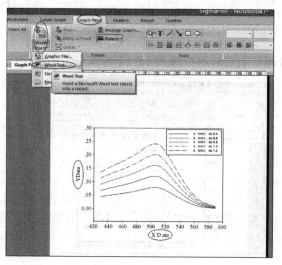

图 12-12　采用 Word 文本更改 x、y 轴的名称

图 12-13　采用 Word 文本更改 x、y 轴的名称

双击图片，可设定图片属性，如图 12-14 所示。

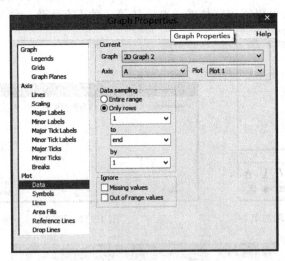

图 12-14　设定图片属性

图片输出要先点击图片全选，再按照图 12-15 具体步骤操作。

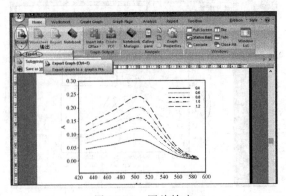

图 12-15　图片输出

第三节　制作三维散点图

散点图矩阵可以同时观察多个变量间的联系，三维散点图较二维散点图，可以发现更多信息。因为三维散点图是 3 个变量确定的三维空间中研究变量之间关系的图像，SigmaPlot可以简化绘图的过程，只需要将数据坐标化即可。

【例 12-2】　利用三维离散数据绘图原理构造氟化钙晶体点阵结构模型。根据氯化钙点阵点在坐标系中的位置，将点阵点坐标参数化。依照表 12-2、表 12-3 中的数据填入 SigmaPlot 数据表中，如图 12-16。更改列名称依照第二节图 12-6～图 12-9。

表 12-2　Ca^{2+} 离子在晶胞中的位置工作表

	$A(X_1)$	$B(X_1)$	$C(X_1)$		$A(X_1)$	$B(X_1)$	$C(X_1)$
1	0	0	0	17	—	—	—
2	1	0	0	18	0	0.5	0.5
3	1	0	0	19	—	—	—
4	0	1	0	20	0.5	0.5	0.5
5	0	0	0	21	—	—	—
6	0	0	1	22	0.5	0.5	1
7	1	0	0	23	—	—	—
8	1	1	0	24	0	1	0
9	0	1	0	25	0	1	1
10	0	0	0	26	—	—	—
11	—	—	—	27	1	0	0
12	0.5	0	0.5	28	1	0	1
13	—	—	—	29	—	—	—
14	1	0.5	0.5	30	1	1	0
15	—	—	—	31	1	1	1
16	0.5	1	0.5	32	—	—	—

表 12-3　F^- 离子在晶胞中的位置工作表

	$D(X_2)$	$E(Y_2)$	$F(Z_2)$		$D(X_2)$	$E(Y_2)$	$F(Z_2)$
1	0.25	0.25	0.25	9	0.25	0.25	0.75
2	—	—	—	10	—	—	—
3	0.75	0.25	0.25	11	0.75	0.25	0.75
4	—	—	—	12	—	—	—
5	0.25	0.75	0.25	13	0.25	0.75	0.75
6	—	—	—	14	—	—	—
7	0.75	0.75	0.25	15	0.75	0.75	0.75
8	—	—	—	16	—	—	—

将 Ca^{2+} 和 F^- 的坐标化参数输入工作表中，见图 12-16，Ca^{2+} 的 X、Y、Z 的坐标位置分别位于第一列、第二列、第三列，F^- 的 X、Y、Z 坐标位置分别位于第四列、第五列、第六列。

	1-Ax	2-By	3-Cz	4-Dx	5-Ey	6-Fz
1	0.0000	0.0000	0.0000	0.2500	0.2500	0.2500
2	1.0000	0.0000	0.0000			
3	1.0000	1.0000	0.0000	0.7500	0.2500	0.2500
4	0.0000	1.0000	0.0000			
5	0.0000	0.0000	0.0000	0.2500	0.7500	0.2500
6	0.0000	0.0000	1.0000			
7	1.0000	0.0000	1.0000	0.7500	0.7500	0.2500
8	1.0000	1.0000	1.0000			
9	0.0000	1.0000	1.0000	0.2500	0.2500	0.7500
10	0.0000	0.0000	1.0000			
11				0.7500	0.2500	0.7500
12	0.5000	0.0000	0.5000			
13				0.2500	0.7500	0.7500
14	1.0000	0.5000	0.5000			
15				0.7500	0.7500	0.7500
16	0.5000	1.0000	0.5000			
17						
18	0.0000	0.5000	0.5000			
19						
20	0.5000	0.5000	0.0000			
21						
22	0.5000	0.5000	1.0000			
23						
24	0.0000	1.0000	0.0000			
25	0.0000	1.0000	1.0000			
26						
27	1.0000	0.0000	0.0000			

图 12-16　输入数据

用鼠标选中前三列的数据，点击工具栏上的"Create graph"，点击"3D Scatter Plot"，选择"XYZ Triplet"；点击"完成"按钮。如图 12-17（a）、（b）。

在工作表中选中 F^- 离子的所有坐标参数后，在"Graph Page"绘图区右击，选择"XYZ Triplet"；这样 Ca^{2+} 和 F^- 坐标参数形成的图组合在同一图中。如图 12-18（a）～（d）。

双击绘图区任一阵点，在弹出的窗口进行编辑。在 Plot1、Plot2 就可以分别对两个绘图进行单独编辑，在 Plot1 中的 Size 填入 7.3、Plot2 填入 10。点击"3D line"，在"Type"下拉列表中选择"Solid"便可生成连线，得到晶体点阵点绘图，如图 12-19。

图片输出方法和第二节相同。输出的图片如图 12-20。

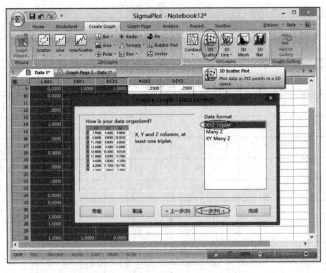

图 12-17（a）　选择"XYZ Triplet"

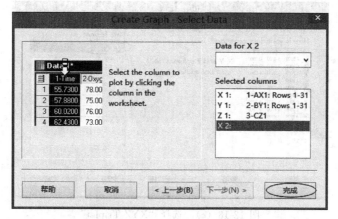

图 12-17（b） 点击"完成"按钮

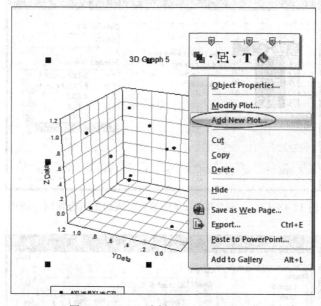

图 12-18（a） 选择"Add New Plot"

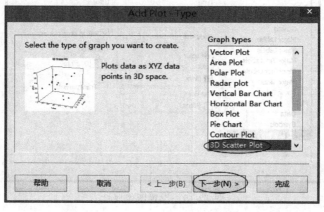

图 12-18（b） 选择"3D Scatter Plot"

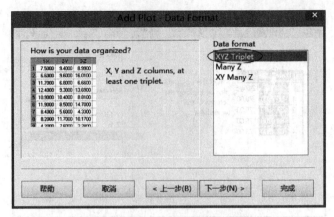

图 12-18 （c） 选择 "XYZ Triplet"

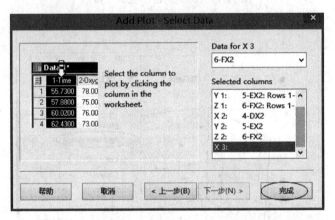

图 12-18 （d） Ca^{2+} 和 F^- 坐标参数形成的图组合在同一图中

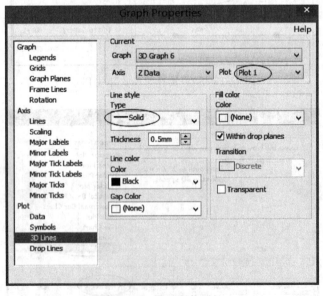

图 12-19 设置图像属性

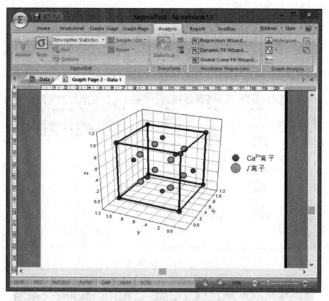

图 12-20　输出的图片

第四节　二元系相图的绘制

在化工、制药、冶金生产中对原料和产品的纯度都有一定的要求，因此需要对其进行分离纯化，而这些过程所用的原理就是相平衡。用图形表示相平衡系统组成和温度、压力之间的关系就是相图。与 Mathematica、Matlab 等软件相比，SigmaPlot 有操作简单、界面友好、无需编程的优点，下面举例来说明相图的绘制。

【例 12-3】　异丙醇-环己烷二元系液-液的温度组成图的试验数据见表 12-4。

表 12-4　异丙醇-环己烷二元系液-液的温度-组成的试验数据

$t/℃$	$x_{异丙醇}$	$y_{异丙醇}$	$t/℃$	$x_{异丙醇}$	$y_{异丙醇}$
84	1.00	1.00	71.5	0.19	0.32
82	0.94	0.70	73	0.09	0.29
79	0.89	0.54	75	0.04	0.27
76	0.84	0.44	78	0.01	0.23
74	0.74	0.40	81	0.001	0.09
71.5	0.52	0.38	82.5	0.00	0.00
71	0.34	0.34			

将表 12-4 中的数据输入工作区内，如图 12-21。选择 "Quick Transform" 设置 Equation：col（1）＝col（1）＋273.15，运行后可将摄氏温度转换为开氏温度值。

按照图 12-22（a）～图 12-22（e）步骤，生成图 12-23 所示的图像。

按照第二节图 12-9 所示方法进行图像修饰，生成图 12-23 所示图像。点击曲线上的任何一点，软件给出对应点的 X、Y 的坐标，从而能快速得到相应的异丙醇含量。

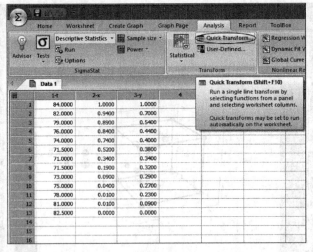

图 12-21 数据录入

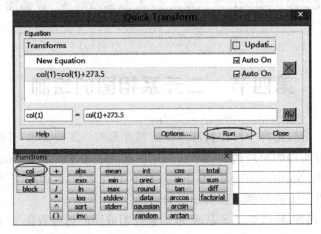

图 12-22（a）

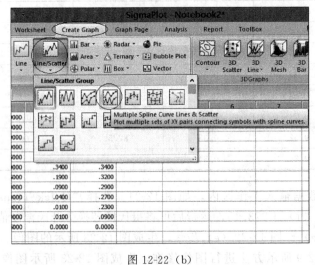

图 12-22（b）

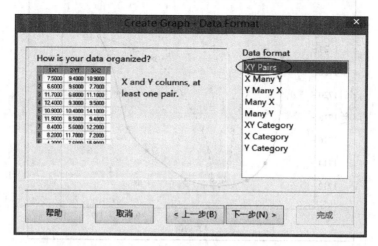

图 12-22 （c）

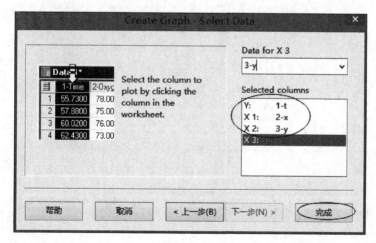

图 12-22 （d）

图 12-22 （e）

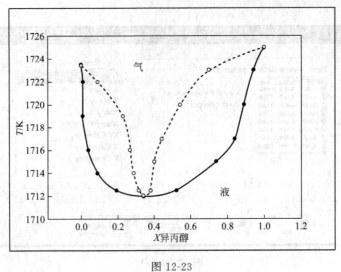

图 12-23

　　本章简单的讲述了用 SigmaPlot 软件绘制图像的几种方法，只作为 SigmaPlot 软件入门教程。

附　录

附录1　r 与 R 的临界值表

自由度 df	显著水平 α	变量的总个数(M)				自由度 df	显著水平 α	变量的总个数(M)			
		2	3	4	5			2	3	4	5
1	0.05	0.997	0.997	0.999	0.999	15	0.05	0.482	0.574	0.630	0.670
	0.01	1.000	1.000	1.000	1.000		0.01	0.606	0.677	0.721	0.752
2	0.05	0.950	0.975	0.983	0.987	16	0.05	0.468	0.559	0.615	0.655
	0.01	0.990	0.995	0.997	0.998		0.01	0.590	0.662	0.706	0.738
3	0.05	0.878	0.930	0.950	0.961	17	0.05	0.456	0.545	0.601	0.641
	0.01	0.59	0.976	0.982	0.987		0.01	0.575	0.647	0.691	0.724
4	0.05	0.811	0.881	0.912	0.930	18	0.05	0.444	0.532	0.587	0.628
	0.01	0.917	0.949	0.962	0.970		0.01	0.561	0.633	0.678	0.710
5	0.05	0.754	0.863	0.874	0.898	19	0.05	0.433	0.520	0.575	0.615
	0.01	0.874	0.917	0.937	0.949		0.01	0.549	0.620	0.665	0.698
6	0.05	0.707	0.795	0.839	0.867	20	0.05	0.423	0.509	0.563	0.604
	0.01	0.834	0.886	0.911	0.927		0.01	0.537	0.608	0.652	0.685
7	0.05	0.666	0.758	0.807	0.838	21	0.05	0.413	0.498	0.522	0.592
	0.01	0.798	0.855	0.885	0.904		0.01	0.526	0.596	0.641	0.674
8	0.05	0.632	0.726	0.777	0.811	22	0.05	0.404	0.488	0.542	0.582
	0.01	0.765	0.827	0.860	0.882		0.01	0.515	0.585	0.630	0.663
9	0.05	0.602	0.697	0.750	0.786	23	0.05	0.396	0.479	0.532	0.572
	0.01	0.735	0.800	0.836	0.861		0.01	0.505	0.574	0.619	0.652
10	0.05	0.576	0.671	0.726	0.763	24	0.05	0.388	0.470	0.523	0.562
	0.01	0.708	0.776	0.814	0.840		0.01	0.496	0.565	0.609	0.642
11	0.05	0.553	0.648	0.703	0.741	25	0.05	0.381	0.462	0.514	0.553
	0.01	0.684	0.753	0.793	0.821		0.01	0.487	0.555	0.600	0.633
12	0.05	0.532	0.627	0.683	0.722	26	0.05	0.374	0.454	0.506	0.545
	0.01	0.661	0.732	0.773	0.802		0.01	0.478	0.546	0.590	0.624
13	0.05	0.514	0.608	0.664	0.703	27	0.05	0.367	0.446	0.498	0.536
	0.01	0.641	0.712	0.755	0.785		0.01	0.470	0.538	0.582	0.615
14	0.05	0.497	0.590	0.646	0.686	28	0.05	0.361	0.439	0.490	0.529
	0.01	0.623	0.694	0.737	0.768		0.01	0.463	0.530	0.573	0.606

自由度 df	显著水平 α	变量的总个数(M)				自由度 df	显著水平 α	变量的总个数(M)			
		2	3	4	5			2	3	4	5
29	0.05	0.355	0.432	0.482	0.521	90	0.05	0.205	0.254	0.288	0.315
	0.01	0.456	0.522	0.565	0.598		0.01	0.267	0.312	0.343	0.368
30	0.05	0.349	0.426	0.476	0.514	100	0.05	0.195	0.241	0.274	300
	0.01	0.449	0.514	0.558	0.519		0.01	0.254	0.297	0.327	0.351
35	0.05	0.325	0.397	0.445	0.482	125	0.05	0.174	0.216	0.246	0.269
	0.01	0.418	0.481	0.523	0.556		0.01	0.228	0.266	0.294	0.316
40	0.05	0.304	0.373	0.419	0.455	150	0.05	0.159	0.198	0.225	0.247
	0.01	0.393	0.454	0.494	0.526		0.01	0.208	0.244	0.270	0.290
45	0.05	0.288	0.353	0.397	0.432	200	0.05	0.138	0.172	0.196	0.215
	0.01	0.372	0.430	0.470	0.501		0.01	0.181	0.212	0.234	0.253
50	0.05	0.273	0.336	0.379	0.412	300	0.05	0.113	0.141	0.160	0.176
	0.01	0.354	0.410	0.449	0.479		0.01	0.148	0.174	0.192	0.208
60	0.05	0.250	0.308	0.348	0.380	400	0.05	0.098	0.122	0.139	0.153
	0.01	0.325	0.377	0.414	0.442		0.01	0.128	0.151	0.167	0.180
70	0.05	0.232	0.286	0.324	0.354	500	0.05	0.088	0.109	0.124	0.137
	0.01	0.303	0.351	0.386	0.413		0.01	0.115	0.135	0.150	0.162
80	0.05	0.217	0.269	0.304	0.332	1000	0.05	0.062	0.077	0.088	0.097
	0.01	0.283	0.330	0.362	0.389		0.01	0.081	0.096	0.106	0.115

附录 2   正 交 表

$L_8 (2^7)$

试验号	列 号						
	1	2	3	4	5	6	7
1	1	1	1	1	1	1	1
2	1	1	1	2	2	2	2
3	1	2	2	1	1	2	2
4	1	2	2	2	2	1	1
5	2	1	2	1	2	1	2
6	2	1	2	2	1	2	1
7	2	2	1	1	2	2	1
8	2	2	1	2	1	1	2

L₈ (2⁷) 二列间的交互作用表

$\mathbf{L_8}$ (2^7) 二列间的交互作用表

1	2	3	4	5	6	7	列号
(1)	3	2	5	4	7	6	1
	(2)	1	6	7	4	5	2
		(3)	7	6	5	4	3
			(4)	1	2	3	4
				(5)	3	2	5
					(6)	1	6
						(7)	7

$\mathbf{L_9}$ (3^4)

试验号	列 号			
	1	2	3	4
1	1	1	1	1
2	1	2	2	2
3	1	3	3	3
4	2	1	2	3
5	2	2	3	1
6	2	3	1	2
7	3	1	3	2
8	3	2	1	3
9	3	3	2	1

附录 3　均匀设计表

U_{15} (15^8)

试验号	列 号							
	1	2	3	4	5	6	7	8
1	1	2	4	7	8	11	13	14
2	2	4	8	14	1	7	11	13
3	3	6	12	6	9	3	9	12
4	4	8	1	13	2	14	7	11
5	5	10	5	5	10	10	5	10
6	6	12	9	12	3	6	3	9
7	7	14	13	4	11	2	1	8
8	8	1	2	11	4	13	14	7
9	9	3	6	3	12	9	12	6
10	10	5	10	10	5	5	10	5
11	11	7	14	2	13	1	8	4
12	12	9	3	9	6	12	6	3
13	13	11	7	1	14	8	4	2
14	14	13	11	8	7	4	2	1
15	15	15	15	15	15	15	15	15

因素数	列 号				
2	1	6			
3	1	3	4		
4	1	3	4	7	
5	1	2	3	4	7

附录 4　字母对照表

字　符	含　义	字　符	含　义
SS_T	总的离差平方和	SS_t	组间离差平方和
SS_e	组内离差平方和	df_T	总自由度
df_t	处理间自由度	df_e	处理内自由度
MS_t	处理间均方	MS_e	处理内均方
F	统计量	LSD_a	显著水平为 a 的最小显著差数
u	效应方差	$S_{\bar{x}i \cdot -\bar{x}j}$	均数差异标准误
$S_{\bar{x}}$	标准误差	C	矫正数
dn_0	平均重复数	b_0	回归常数项
$S_{y \cdot 12 \cdots m}$	离回归标准误	b_i	依变量 y 对自变量 x_i 的偏回归系数
SS_y	依变量 y 的总离差和	SS_R	回归平方和
SS_r	离回归平方和	t_{bi}	偏回归系数标准误
S_r	离回归标准误差	R	复相关系数
r_{ij}	相关系数	$r_{ij \cdot}$	偏相关系数
$p_{0 \cdot i}$	通径系数	$d_{0 \cdot i}$	决定系数
$S_{p0 \cdot i}$	通径系数标准误	$\bar{y}'_i \cdot - \bar{y}'_j \cdot$	两个处理矫正平均数间的差数
df'_e	误差离回归自由度	$S_{\bar{y}'i \cdot -\bar{y}'j \cdot}$	两个处理矫正平均数间的差数标准误
SS_{ex}	x 变量的误差平方和		

参 考 文 献

[1]   王万中.试验的设计与分析.北京：高等教育出版社，2004.

[2]   王颉.试验设计与 SPSS 应用.北京：化学供应出版社，2007.

[3]   盖钧益.试验统计方法.北京：中国农业出版社，2000.

[4]   洪伟，吴承祯.试验设计与统计.北京：中国林业出版社，2004.

[5]   何为，薛卫东.优化试验设计方法与数据分析.北京：化学工业出版社，2011.

[6]   Douglas C. Montgomery. Design and Analysis of Experiments. 6th edition. John Wiley & Sons，Inc. 2004.

[7]   陈魁.试验设计与分析.第二版.北京：清华大学出版社，2005.

[8]   卢纹岱.SPSS FOR WINDOWS 统计分析.第三版.北京：电子工业出版社，2007.

[9]   赵选民.试验设计方法.北京：科学出版社，2006.

[10] 明道绪.生物统计附试验设计.第五版.北京：中国农业出版社，2014.

[11] 明道绪.高等生物统计.北京：中国农业出版社，2006.

[12] 明道绪.田间试验设计与统计分析.第三版.北京：科学出版社，2013.

[13] 任现周，武新华，张海峰.Excel 应用实例与精解.北京：科学出版社，2004.

[14] 汪伦记，董英.马克斯克鲁维酵母发酵菊粉酶培养条件的优化.食品科学，(8)：402~406.

[15] 邱轶兵.试验设计与数据处理.合肥：中国科学技术大学出版社，2008.

[16] 王钦德，杨坚.食品试验设计与统计分析.第二版.北京：中国农业大学出版社，2009.

[17] 杨德.试验设计与分析.北京：中国农业出版社，2002.

[18] 张健，高年发.利用响应面法优化丙酮酸发酵培养基.食品与发酵工业，(8)：52~54.

[19] Gerry P Q. 生物实验统计与数据分析.蒋志刚，李春旺，曾岩泽译.北京：高等教育出版社，2004.

[20] 刘振学，黄仁和.试验设计与数据处理.第二版.北京：化学工业出版社，2015.

[21] 李志西，杜双奎.试验优化设计与统计分析.北京：科学出版社，2010.

[22] 王玉顺.试验设计与统计分析 SAS 实践教程.西安：西安电子科技大学出版社，2012.